21世纪高等学校数字媒体专业规划教材

三维动画设计与制作 第2版

◎ 陈逸怀 谷思思 詹青龙 主编

侯文雄 佘 为 副主编

清华大学出版社

北京

内 容 简 介

本书基于作者多年的教学实践撰写而成,不仅注重阐述方法和思路,而且通过制作要领和实例分析,将三维的思想、方法和经验贯穿其中。全书共分9章,以理论加案例教学的形式进行讲解。第1章介绍了三维动画的概念及其发展、基本原理、制作流程、常见的软件和应用领域。第2章介绍了三维动画的剧本创作、形象造型、场景设计、故事板、分镜头设计、音乐和音效。第3~8章以3ds Max 2015中文版为软件环境,介绍了建模技术、材质与贴图、灯光与摄影机、环境效果与渲染、基础动画、动力学与粒子系统等技术,并提供了若干实例。第9章以居民小区漫游为例介绍了三维动画技术的综合应用。另外,本书每章都提供了学习导入、学习目标、实用技巧、拓展学习、练习、基础实验和综合实验等,从而有利于学生进一步理解和充实相关知识,快速提升设计能力和技术技能。

本书主要作为高等院校数字媒体专业、动画专业的教学用书,同时也可作为动画制作爱好者的自学参考书、动画制作培训班的教学资料。

图书在版编目(CIP)数据

三维动画设计与制作/陈逸怀,谷思思,詹青龙主编. —2版. —北京:清华大学出版社,2018(2020.7重印)
(21世纪高等学校数字媒体专业规划教材)
ISBN 978-7-302-48663-3

Ⅰ.①三… Ⅱ.①陈… ②谷… ③詹… Ⅲ.①三维动画软件 Ⅳ.①TP391.48

中国版本图书馆CIP数据核字(2017)第266710号

责任编辑:黄 芝 李 晔
封面设计:刘 键
责任校对:徐俊伟
责任印制:宋 林

出版发行:清华大学出版社
     网   址:http://www.tup.com.cn,http://www.wqbook.com
     地   址:北京清华大学学研大厦A座   邮 编:100084
     社 总 机:010-62770175   邮 购:010-62786544
     投稿与读者服务:010-62776969,c-service@tup.tsinghua.edu.cn
     质量反馈:010-62772015,zhiliang@tup.tsinghua.edu.cn
     课件下载:http://www.tup.com.cn,010-83470236
印 装 者:北京鑫海金澳胶印有限公司
经 销:全国新华书店
开 本:185mm×260mm   印 张:17.5   字 数:439千字
版 次:2012年1月第1版 2018年2月第2版   印 次:2020年7月第4次印刷
印 数:4701~6200
定 价:49.80元

产品编号:072484-02

数字媒体技术是基于数字化和网络化技术对媒体从形式到内容进行改造和创新的技术，在影视特技、数字动画、游戏娱乐、广告设计、多媒体制作、网络应用等领域有广阔的应用前景。因此，许多高校应社会需要开设了数字媒体专业，还有许多高校开设了数字媒体研究课题，但教材建设严重滞后。纵观这些高校的本科培养计划，"三维动画设计与制作技术"都作为专业核心课程来开设。目前已经出版的三维动画书籍不能很好地满足数字媒体专业的教学需要，缺乏系统性，缺乏设计思维和技术思维，因而有必要针对数字媒体专业本科生的学习特征和专业特征编写相应的教材，贯通理论和实践、设计和制作。

3ds Max 作为 Autodesk 公司推出的专业性三维动画制作软件，功能强大、界面友好、操作灵活、易学易用、对硬件的要求较低、插件众多，并能稳定地运行在 Windows 平台上，因而被广泛应用于广告、建筑、装潢、工业造型、园林景观、影视、教育等各个领域。鉴于此，本书将 3ds Max 2015 中文版作为三维动画设计与制作的技术支撑环境。

本书结合作者多年的教学实践撰写而成，不仅注重阐述方法和思路，而且通过制作要领和实例分析，将三维的思想、方法和经验贯穿其中。全书共分 9 章。第 1 章介绍了三维动画的概念及其发展、基本原理、制作流程、常见的软件和应用领域。第 2 章介绍了三维动画的剧本创作、形象造型、场景设计、故事板、分镜头设计、音乐和音效。第 3 章介绍了基础建模、放样建模、修改建模和多边形建模等几种常用的建模技术，并给出了相应的实例。第 4 章介绍了材质类型、光线跟踪、贴图类型、贴图坐标，以及材质的制作实例。第 5 章介绍了灯光形态和参数、灯光类型、典型灯光实例，以及摄影机的基本知识和典型应用实例。第 6 章介绍了环境大气效果、视频后处理效果、渲染技术和应用案例。第 7 章介绍了基本动画控制、轨迹视图和典型应用实例。第 8 章介绍了 reactor 动力学系统、粒子系统和基本粒子系统类型。第 9 章以居民小区漫游为例介绍了三维动画技术的综合应用。另外，本书每章都提供了学习导入、学习目标、练习、基础实验和综合实验等，从而有利于学生进一步理解和充实相关知识，快速提升设计能力和技术技能。

全书由陈逸怀、谷思思、詹青龙主编，侯文雄、佘为副主编。由于作者的经验和水平有限，书中会有不足或疏漏之处，恳请各位专家和读者提出宝贵的意见和建议。

本书主要作为高等院校数字媒体专业、动画专业的教学用书，同时也可作为动画制作爱好者的自学参考书、动画制作培训班的教学资料。

陈逸怀

2017 年 6 月

目　录

第1章 三维动画概述

【学习导入】

2016 年,第 88 届奥斯卡颁奖典礼,获奖提名数前三的影片分别是《荒野猎人》12 项、《疯狂的麦克斯 4:狂暴之路》10 项、《火星救援》7 项。这三部电影让世界观众着实享受了一席惊世骇俗的视觉盛宴,其中三维动画立下了汗马功劳。从 19 世纪北美森林里的棕熊到末日废土上的大漠黄沙,再到茫茫宇宙中的空间站和火星沙尘暴,都是无数动画师运用三维动画技术制作出来的。

奥斯卡最佳动画长片《头脑特工队》更是在全球横扫 8 亿美元票房,动画中的场景、人物、故事情节更是让人惊叹,这无疑表明了三维动画能够产生令人期待的视觉效果,并具有如火如荼的发展态势。

【学习目标】

知识目标:掌握三维动画的概念和特征;了解三维动画的发展历程,理解三维动画的原理,了解三维动画的制作流程。

能力目标:能区分不同三维动画制作软件的特点和优势。

素质目标:能列举身边可利用三维动画解决的问题,充分体会三维动画的应用价值。

1.1 三维动画及其发展

1.1.1 三维动画的概念

三维动画是一门可以形象地描述虚拟及现实实物或空间的动画制作技术,是随着科学技术的进步和计算机硬件不断更新、功能不断完善而产生的新兴技术。在制作的过程中,三维动画需要建立一个虚拟的世界,设计师在这个虚拟的平台中按照要表现的对象的形状、尺寸在 X、Y、Z 三维空间中建立模型以及场景,再根据要求设定模型的运动轨迹、虚拟摄影机的运动和其他动画参数,为模型赋上特定的材质,并打上灯光,从而生成三维动画画面。三维动画比平面动画具有更强的空间表现力和视觉吸引力。

如果说平面动画是一面墙,可以尽情地挥动画笔创作形象,那么三维动画就是一个房间,提供了更为广阔的创作平台——装修房间、摆放家具、设置人物等。三维动画利用透视等几何学,将空间或者物体准确、生动、形象地表现在二维平面上,展现给观众空间感极强的三维视觉效果。图 1-1 是二维动画片《大鱼海棠》的截图,图 1-2 是三维动画片《头脑特工队》的截图,可以对比二者视觉效果的不同。

图 1-1　二维动画片《大鱼海棠》截图

图 1-2　三维动画片《头脑特工队》截图

1.1.2　三维动画的发展

一直以来，人们从未停止过对动画的喜爱和钻研。两三万年前的旧石器时代，人们就开始在山洞的岩壁上绘制动感十足的动物，在古老的埃及神庙的石柱上，也绘有一系列动作分解的欢迎神的圣图，当法老驾马车快速经过石柱时，图画里的景物就像运动起来一样。我国传统装饰品走马灯，也体现了人们对动画的探索，当人们看向旋转的内层时，早已绘好的动作分解图是运动着的，形成了一整套完整的动作。

三维计算机动画的发展其实只有短短几十年，但是它发展的速度着实令人惊叹。按照人们的普遍认识，三维动画的发展分为三个阶段。1995—2000 年是三维动画发展的起步时期，这期间"皮克斯"和"迪斯尼"合作开发的影片占据了三维动画市场的主要份额，比较有代表性的作品包括《玩具总动员》《虫虫危机》等；2001—2003 年是三维动画飞速发展时期，以"梦工厂"为代表的新一批动画制作团体在迅速成长，同时产生了《史瑞克》《鲨鱼黑帮》《海底总动员》等优秀作品；从 2004 年开始，三维动画技术就进入了发展的全盛时期，形成了百家争鸣、百花齐放的欣欣向荣景象，《极地快车》《冰河世纪 2》就诞生在这个时期。

> 请访问"皮克斯""迪斯尼"等公司的网站，了解这些著名动画制作公司的最新作品和制作技巧。

1.2　三维动画的基本原理

1.2.1　三维动画的设计原理

1. 挤压与拉伸

在运动过程中，一些质感较软物体的形状往往会随着动作的改变而有所变化，比如小球的弹跳，在小球接触地面的瞬间将其压扁，这个变化就会使球在弹到空中时显得有力量；再比如装有半袋面粉的口袋，放在地上时形状最扁，提到空中就会拉到最长。动画设计中要把握压、伸的幅度，这样创作的作品才会灵活、生动，如图 1-3 所示。

2. 预备

在角色进行任何动作之前都会有一些提示动作，比如跳起之前的下蹲，踢足球的后向扬脚,拳头打出去之前应该向反方向运动,如图1-4所示。动画设计中一旦没有这些提示性动作,就会变得毫无生机,没有这些提示整个运动就不会流畅。

图1-3　人物面部通过挤压与拉伸显得更加生动　　　图1-4　通过夸张的预备动作让出拳更有力

3. 表演

首先是整个画面的"布局",要将所有的想法完整、清楚地表现出来,画面中的每一个动作都可以让观众理解到它所要表达的角色的心情、个性和情绪,让观众认同角色的表演,充分理解画面表现的情感。

对于表演来说,"故事的情节点"需要重点考虑,因为它往往是故事发展的推动力。动画制作过程中要思考的是怎样把"故事的情节点"表演出来。特写、长镜头、不同对象的镜头穿插等,不论选择哪种手法都要有利于内容的表达。如图1-5所示,通过剪影的表演就可以知道演员在做什么。

图1-5　剪影的表演

4. 顺序动画和关键姿势

顺序动画就是从第一幅画面开始按照顺序逐帧完成,并在这个过程中不断获取灵感,直到完成场景里的所有动作。

关键姿势的方法是指动画创作者先设计动作,考虑哪些姿势最适合表现主题,并且设计出这些关键动作,建立姿势间的逻辑关系,然后插补中间画面,这样制作的画面能够较好地保证画面效果,如图1-6所示。

5. 跟随动作和重叠动作

物体在移动的过程中,各个部分的动作不会永远保持一致,有些部分会先行移动,其他部分随后再到,然后再和先行移动的部分重叠。这是动画设计中常见的表现方式,比如跑步

如果嘴的一角纵上去呢? = 想一想

加强笑容? = 假装的自信

减少笑容? = 嗯……

让我们缩小不高兴的嘴 = 我就知道会这样……

甚至只是个简单的眨眼 = 增加了动感

图 1-6　为表情加入中间帧表达不同的效果

时身体先离开原位,然后屁股再"嗖"地一声跟着弹出去。现以动作的停止为例阐述如下。

(1) 运动人物有附带物或者不同质感的身体局部,如尾巴或者大衣等,当人物其他部分停止后,以上附带物会继续移动。

(2) 当身体的一部分到达停止点时,其他部分可能仍然在运动中,如局部肢体的伸展、转身、手臂上抓、挥动等。

(3) 角色身上的肉以一种比骨架稍慢的速度运行,这一动作的结果有时被称为"拖曳"。

(4) 动作完成的方式可以反映出角色的特征,比如结尾动作的处理应考虑到动作的娱乐性和角色的性格特征。

(5) "运动保持"可以更真切地表现角色。当动画角色的姿势被完美地呈现于银幕上,保持不动停留三分之一秒或更长一点时,观众此时可以充分欣赏到所有细节,不过一张画停留过长的时间会打破时间的流动性,空间的幻觉也会随之消失。为了避免这种情况出现,可以绘制两张画面,一张比另一张更伸展或更压缩,两张原画都包含角色姿势的所有元素,姿势得到强化,更显生动、更具力量感,并且更加逼真,如图 1-7 所示。

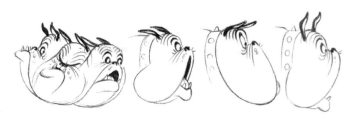

图 1-7　注意观察耳朵和脸部的跟随动作

6. 慢进与慢出

动作的产生、消失、开始和结束都需要一个慢进与慢出的过程。平均的无加减的速度是缺少生机的机械运动。动画作品的设计要建立在真实的、事物本来面貌和规律的基础之上。

对于一个从静止状态开始移动的动作而言,速度的设定是先慢后快,在动作结束之前速度也要逐渐减慢,乍停一个动作会带来突兀感,如图1-8所示。

7. 弧形运动曲线

动画中的动作除了机械类的动作之外,几乎都是以圆滑的轨迹进行移动的。因此中间画面的描绘要注意以圆滑的曲线连接主要画面的动作,这样可以带来流畅自然的视觉效果,增强角色的生动性,如图1-9所示。

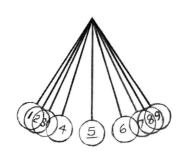

图1-8　小球的慢入慢出动作

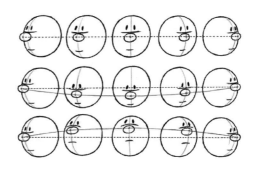

图1-9　脸部的弧线运动

8. 辅助动作

在角色进行主要动作时,可以加上一个相关的辅助动作,这样会使角色的主要动作变得更为真实,更具说服力。比如,通过跳跃的脚步来表示欢快的心情,同时可以加入手部的动作加强效果,手部动作就是辅助动作;再比如忧伤的人在转身离去的时候用手擦眼泪,惊慌的人在恢复常态时带上自己的眼镜;这些都是辅助动作对主要动作的衬托,不过辅助动作的设计不能喧宾夺主,要恰到好处,这样才能起到画龙点睛的作用,如图1-10所示。

9. 时间控制

运动是动画中最基本、最重要的部分,而运动最重要的是节奏和时间。时间控制是动作真实性的灵魂,过长或者过短的动作会折损动画制作的真实性。除了动作的种类影响时间的长短外,角色的个性刻画也需要配合"时间控制"进行表现,如图1-11所示。

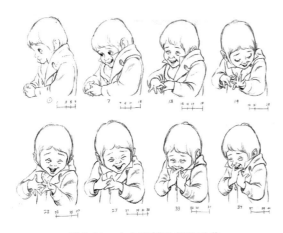

图1-10　小女孩笑的辅助动作

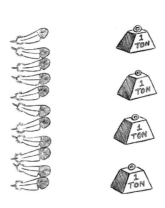

图1-11　羽毛下落时间和铁矿
下落时间的对比

10．夸张

动画其实就是夸张的,它的魅力也就在于可以表现生活中不存在或难以看到的情景。动画设计中角色的每个感情与动作的表现,以夸张的手法进行描绘才更具说服力。如角色进入一个快乐的情绪,就让他更加快乐;角色感觉悲伤,就让他更加悲伤;疯狂的就使他更加疯狂。夸张的表现方式多种多样,要通过深思熟虑后挑选出精彩的动作,以传递出角色动作的精髓,如图1-12所示。

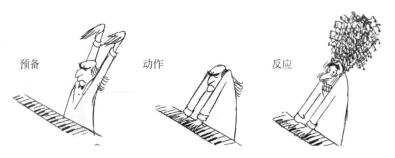

预备　　　　动作　　　　反应

图1-12　夸张的预备动作和夸张的结果让人物更有趣

11．立体感的表现

立体感的表现是每一个动画设计者必须具备的技能,角色的外形和体积的设计应该可以随时做出动作。它与静止的形状不同,要具有可塑性和变形性,这样立体感十足的角色才会活灵活现,具有生命力,如图1-13所示。

12．吸引力

简洁明了、令人愉快的动画作品会抓住观众的目光,产生吸引力。所谓吸引力,是指无论是表情、动作,还是场景、道具,都会让观众喜欢,充满活力,并且角色的表演洋溢着生命气息。吸引力不仅可以体现在英雄人物身上,一个反面角色,虽然令人胆寒,如果具有戏剧性,也会具有吸引力,如图1-14所示。

图1-13　《料理鼠王》中老鼠的造型

图1-14　《飞屋环游记》中小男孩的造型

1.2.2　三维动画的技术原理

动画技术是一种综合性的技术,而不是简单的技术操作。动画技术原理主要体现在核心技术和表现技术等方面。概括地说,核心技术与表现技术是任何动画片都不能缺少的两种技术。核心技术是一切表现性技术的基石,决定动画存在的命脉,是动画中分解与还原运动过程的技术;表现技术是对核心技术的拓展和丰富,使核心技术具有强大的生命力和艺术感染力,对分解与还原这一运动现象加入更多的创造性因素,使影片更具有观赏性和趣味性。

1. 动画技术起源

每每说到动画的起源人们就会情不自禁地想到古代的壁画,之所以会联想到壁画就是因为壁画上的很多图样符合动画分解运动过程的基本原理。在动画技术发展的过程中,人类做了一系列的科学研究和发明创造,其中光学影戏装置和逐格拍摄技术具有里程碑意义。

1)光学影戏装置

光学影戏装置用一个辅助投射幻灯将背景投射在幕布上,动态图形的不断变化就像是发生在一个特定的场景中,这种分解运动过程的方法慢慢使动画具有了艺术气息,可以用来描述故事或者是传达意思。经过100多年的发展,动画产生了很多风格和类型,更产生了无数的优秀影片,但是不管怎样发展,动画分解与还原运动过程的技术原理始终不变。

2)逐格拍摄技术

逐格拍摄技术是一个偶然机会发现的,美国摄影师艾尔弗雷德·克拉克在拍摄《苏格兰女王玛丽的处决》时,发现了控制电影摄影机开关的曲柄能够随时停下来,然后再开机继续工作的功能。在这部影片中,他在铡刀落下前将演员换成了木偶。从此人们开始探索影视特技,同时也给动画的发展带来了全新的活力。

> 传统动画中,用电影胶片进行画面的拍摄,每一幅画面相当于胶片的一格,因此用"格"来计数;而数字动画制作阶段通常用"帧"来表示动画中的单幅影像画面。

2. 动画核心技术

动画核心技术就是在动画的制作过程中最重要、最基本的技术——对运动过程的创造性分解与还原,这一技术只包括显现运动脉络的视觉要素,不包括环境、背景、灯光、道具等外在要素。动画核心技术主要是对动态幅度、距离梯度和时间维度的三者关系的处理,并且遵循夸张适度、时间自主的原则。

1)分解运动的样式

分解运动的样式是将连续变化的运动过程中每一个重要瞬间以静态的图形方式表现出来,通过这样的一组图形可以抓住运动过程的特征,动画影片的序列图片就是分解运动样式很好的体现,图1-15是运动分解图。

2)还原的本质

还原是指对经过分解的一系列有关联的若干运动瞬间进行有机组织与排列之后再逐格记录在某种介质上面,然后用某种技术设备呈现出运动的状态。还原并不是恢复原状的意思,而是用特殊工艺技术经过思想的分析和技巧的分解之后投射出事物变化的虚拟影像。

还原运动现象的技术是对事物运动的观察、理解及创造性的呈现,要通过控制播放速度等因素,把故事情节和影片的内容传达给观众。常见的走马灯就是运用了还原运动现象的技术,只不过走马灯表达的是比较简单的运动现象,速度的快慢不会影响表达的内容。

图 1-15　运动分解图

3）分解与还原的方法

（1）分解的方法

分解的方法是确定动画的数量和每帧动画之间的距离。

面对表示同一个动作的画面,不同类型的动画片往往会采用不同的动画张数。例如,如果是漫画形式的动画,为了表现的效果更加夸张,更具有娱乐气息,就会采用较少的画面表示;如果是叙事性的写实影片,为了更贴近日常生活,更贴切地反映角色情感就要运用较多的画面,使表现出的效果细腻而真实;若是大型的系列剧,在时效性和工作量的限制下很可能就会小幅度地减少画面数量。因此,动画的张数与影片的级别质量有关,与风格有关,与表现的主题内容有关。

动画之间距离的确定通常是根据经验来估计的,一般范围是最大的距离为元素自身直径的长度,最短的距离为2mm。一般来说,动态变化比较复杂的内容画面距离分布要小一些,动态变化简单的内容间距可以大一些,一旦距离大过了元素自身的直径就要加上速度线。总之,距离太大,动态变化偏小会出现颤抖效果;距离太小,动态变化偏小会产生慢镜头效果。

（2）还原的方法

还原的方法是确定每一张动画显现的格数和记录动态变化的方式。还原要解决的第一个问题是:如何确定每张动画显现的时间,然后是采用什么方式来记录动态变化。

恰当的分配动画显现的格数是艺术创作的需要,遵循的原则是:需要突出的瞬间要多占用一些画格,交代过程的瞬间占得少一些,起连贯作用的画面最多占两格。决定画面显示时间的具体方法是:首先在拍摄范围内模拟演示动态测算动作过程的总时间,然后根据节奏变化把总时间分配给每一幅动画。这样通过把格数按不同比例分配给不同的动画瞬间就可以确定出不同的动画节奏,产生不同的风格类型。

3. 动画表现技术

相对于动画核心技术来说,动画表现技术满足的是更深层次的审美要求,核心技术是为了让画面动起来,而表现技术则是设法使"动"具有意义,具有趣味性,使影片产生思想,产生性格。动画的表现技术体现的是创造性,可以有不同程度的夸张和艺术化的处理。

1）动作表现

动作表现是对观察和分解过的动作进行提炼和夸张,注入创造性的因素,从而对分解过程中挑选出的重要瞬间加以强化处理,达到表现角色性格、增添动画片的观赏性和趣味性以及体现动画片风格的目的。

2）距离分布与时间分配

距离的分布能够让各种动作产生快慢变化的不同效果,时间分配则是通过每张动画占用的时间不同而起到突出重点、强调关键和控制节奏的作用。

3）视点及视点变化

视点及视点变化是表现技术的一个方面,视点即观察点,是摄影机所在位置的体现。视点的变化也就是机位的变化,视点及视点变化无疑要通过画面及画面的变化进行表现。画面可以在距离、角度、观看方式上有所不同,从而灵活地运用视点和视点的变化将事件完整、清晰、美观地表达出来。

1.3　三维动画的制作流程

动画片的制作都要经过前期、中期、后期三个阶段。这三个阶段可以进行更细的工作划分,构成更完善的三维动画制作流程图,下面将详细叙述。

1.3.1　前　期

前期是一个充满创意和设计的工作过程,创作人员所有的想法都要在这个阶段展现出来。把前期比作金字塔的底层是很容易理解的,前期工作完善、细致后续工作就会顺利开展,否则会影响整个工作的进度和质量。前期工作可以分成四个环节:剧本创作、造型设计、场景设计、分镜头设计绘制。

剧本创作是三维动画制作过程中的第一个环节。动画片的剧本创作需要加入大量的想象。动画的一大魅力就是可以表现现实生活中不存在或者是不可能做到的事情,所以剧本设计的时候冲突可以更加激烈怪诞,角色表现可以更加夸张幽默,情节可以更加生动有趣。

造型设计和场景设计是前期的重要阶段。动画片中造型是最容易打动人,让人记住的。成功的造型设计往往会走出动画片,走入人们的生活。例如,哆啦 A 梦造型的儿童洗浴用品,让小朋友爱不释手。设计出造型后,此项工作并没有结束,还需要进行角色三视图(角色正面、侧面和后面的视图)和各种表情的绘制,为中期制作做参考,确保不跑形。

比起造型设计,场景设计要低调得多。它不像角色造型那样引人注目,而是默默无声地发挥作用——烘托剧情、塑造人物、表现主题。场景设计可以简单地理解为背景空间的创设,背景空间制作的或是唯美细腻,或是壮观宏大都可以体现整个作品的风格。好的动画片往往会不惜笔墨在前期细致地进行场景设计,这样更有利于对作品风格的把握。

分镜头设计绘制就是以连环画的形式把故事表现出来,通过控制景别和镜头的运动方式细致地表现故事的情节。景别包括远景、全景、中景、近景和特写,根据剧情的需要可以灵活运用各种景别,一般情况下,景别的选择在分镜头设计中就可以确定下来了。镜头的运动方式包括推、拉、摇、移、跟等,在三维动画领域非常有利于表现这些运动的镜头,所以分镜头设计可以充分运用这些运动的拍摄方式,使其为主题服务。

1.3.2 中期

三维动画制作的中期阶段需要整个团队有较高的相互协调能力。制作过程中,在保持高度的艺术创作激情的基础上,还要保持冷静、理性的逻辑思维。中期包括建立模型和模型动画制作两个程序。

1. 建模

建模就是指根据前期的造型设计,利用三维建模软件在计算机中绘制出角色的模型。建模需制作出动画片中要出现的所有角色和物体的模型。建模质量的好坏会直接影响制作效率和动画片最终的视觉效果。因此,专业的公司在建模时经常是先由雕塑家用黏土塑造模型,再利用三维数字扫描仪输入计算机,然后以其为模板进行数字再创造,按照规范对模型进行布线等操作。

1)模型制作

三维动画制作中,角色一般要制作三套模型:低精度模型、高精度模型和动力学解算模型,这样就可以有效地控制计算机的工作量和工作效率。

(1)低精度模型

低精度模型是一套临时的动画模型,面数较低、布线简单,而且骨骼关节处被切成若干部分,与骨骼是父子级关系而不是计算量较大的蒙皮关系,低精度模型只要能够进行动画调制就可以了。因此,低精度模型就是为了提高计算机的实时显示速度,减少不必要的计算量,并且能以较快的速度进行动画的预览。

(2)高精度模型

高精度模型有合理的拓扑结构、足够的细节和精美的贴图,是一套完整的产品级模型。在动画制作完成并进行渲染输出时,用高精度模型将低精度模型替换掉。

(3)动力学解算模型

动力学解算模型用于各动力学解算动画解决方案中。这种情况下运用高精度模型会明显加大计算量,运用低精度模型又很难达到理想效果。因此,需要动力学参与的动画,就可以利用这种专门的模型,以降低计算机的计算量。

2)建模的一般方法

(1)整体切入

整体切入是最普遍的建模方法,首先依据形体结构,把握大致的造型比例,然后层层细分深入,最后调整形体,优化拓扑结构。这种方法从整体出发,较容易把握形体,有利于进行拓扑布线。从流程和技术上来说,初级状态下的模型可以成为高精度模型和动力学解算模型的基础。

(2)局部切入

局部切入即在整体的关照下,从局部开始模型的创建。局部切入法要求三维动画制作者具有更加熟练的操作技巧,并且具有一定造型基础和整体控制能力。

2. 模型动画制作

模型动画制作就是根据分镜头剧本与动作设计,运用所设计的造型完成所有动画片段的制作,就像影视作品完成了一个个镜头的拍摄,涉及的具体工作有设定、动画、材质与灯光等。

1）设定

三维动画中比较简单的动画设置，如位置变化等，采用关键帧的方式进行记录。动画设定一般用于比较复杂的运动与变化，是指借助一些辅助工具和办法，使模型产生千变万化的动画效果，方便动画人员控制。动画设定工作包括架构角色骨骼、绘制蒙皮权重、创建变形和控制器工具以及设计智能动画控制等，其目的就是赋予角色生命力，以及活灵活现进行表演的能力。

2）动画

（1）关键帧动画

关键帧动画是计算机中常用的动画技术，这种技术是将动画序列中比较关键的帧提取出来，其他的帧由计算机进行插值计算得到，几乎所有的动画软件都使用了这种技术。

（2）自动控制动画

三维动画中有很多画面和情景是手动关键帧实现不了的，比如恢宏的战争场面、大海中的惊涛骇浪等；还有很多动画是不需要手工创建关键帧的，比如转动的钟表等，在这些情况下利用软件自身强大的计算功能解决是实践中最为有效的办法。这类动画就是自动控制动画，具有高精度、高效率、高智能的特点。

（3）动画图表控制

三维动画软件中一般会提供多种操作方式来创建和编辑关键帧动画，可以把它们概括地称为动画图表控制，包括时间线控制操作、曲线图形控制操作、摄影表控制操作和动画非线性控制操作等。

3）材质与灯光

在三维动画制作中，把握好物体质感形态将大大提高作品的表现力。作品中物体是由带材质的表面构成的，材料与灯光工作的任务就是制作出这些材料并赋给表面。具体的工作包括材质的编辑、UV 展开和贴图绘制以及灯光布局调试等。

1.3.3　后　期

后期是对之前工作的总和以及成品化。后期制作阶段主要包括渲染、特效与合成、剪辑和输出四项工作，不过在真正进入渲染之前还要保证文件已经整合在一起，可供使用。

1. 渲染

在三维动画的制作过程中，渲染是最后一个用到三维动画制作软件的工序，与电影制作中的胶片冲印非常类似。

渲染过程主要是三个计算过程。首先根据三维场景中摄影机的机位，渲染程序计算出相机中物体的前后空间关系；然后计算光源对物体的影响，这与真实世界是一样的情况，场景中的光源会对物体表面的颜色、亮度等造成影响，如果场景中有火焰、烟雾等粒子系统也要参与计算，这样得出的效果就会比较逼真；最后根据物体的材质渲染程序计算物体表面的颜色，材质不同、纹理不同都会产生不同的效果。

2. 特效与合成

三维动画制作中的特效与合成主要包括以下内容：对影片颜色进行校正；与实拍、手绘等其他素材进行匹配；利用 Z 通道完成景深或体积雾效处理；制作一些特殊效果；对内容进行重新构图或者合成。

12

三维动画的特效与合成的整个过程具有数字化特点,可以通过软件完成各种效果,很多后期制作软件都可以直接读取三维场景中的摄影机,为特殊效果的制作提供方便;软件间的技术融合也简化了特效与合成的很多工作,大大提高了对影片质量控制的自由度;特效与合成在整个三维动画制作流程中不是十分严格,可以与前期和中期工作交互进行,以提高工作效率。

3. 剪辑

剪辑是指剪接与编辑。剪接就是把镜头组接在一起,编辑则包含了制作者的设计与构思。三维动画的剪辑与影视剧的剪辑存在一定的差别,在三维动画制作前期的分镜头设计阶段,剪辑的构思就基本确定了。因此,在后期剪辑阶段可发挥的自由度相对较小,与影视剧中的剪接非常类似,不过三维动画可以做一些小而精的剪辑和声音的匹配。

三维动画制作运用的均为数字素材,这给后期制作带来了很大的方便。剪辑的时候可以使用渲染前的预演文件,这就可以保证剪辑工作和特效工作同时进行,制作完成后再把预演文件替换掉就可以了。使用预演文件进行剪辑不但可以提高制作效率,还在很大程度上解决了后期制作时硬件配置的瓶颈问题。

4. 输出

三维动画制作完成进入输出阶段时,会涉及格式的选择。常见的视频文件格式如下。

1)AVI 格式

AVI(Audio Video Interfaced,音频视频交错格式)可以将音频和视频信号混合交错地存储在一起,进行同步播放。这种格式图像质量好,可以跨平台使用,但是需要的存储空间比较大,压缩标准也不统一。

2)MOV 格式

MOV 是美国 Apple 公司创立的视频文件格式,具有较高的压缩率和较好的视频清晰度,可以同时支持 Macintosh 计算机和 Windows 平台,既适用于本地播放,也适用于网络传播。

3)MPEG 格式

MPEG(Moving Picture Expert Group,运动图像专家组格式)是运动图像压缩算法的国际标准,主要包括 MPEG-1、MPEG-2 和 MPEG-4。MPEG-1 格式被广泛应用于 VCD 的制作中,是第一代 MPEG 压缩国际标准,文件扩展名包括 mpg、mlv、mpe、mpeg、dat 等。MPEG-2 的设计目标是高级工业标准的图像质量以及更高的传输率,它广泛应用于 DVD 的制作中,在一些 HDTV 和一些高要求视频编辑、处理方面也有相当的应用面,是三维动画输出时的首选输出格式,文件扩展名包括 mpg、mpe、mpeg、m2v、vob 等。MPEG-4 是为了播放流媒体的高质量视频而专门设计的,可以利用很窄的带宽传输数据,并获得较好的图像质量,这种文件格式的视频扩展名包括 asf、mov 和 DivX AVI 等。

4)ASF 格式

ASF(Advanced Streaming Format)是微软开发的可以直接在网上观看视频节目的一种典型的流媒体文件格式。使用 MPEG-4 压缩算法,可以得到比较高的压缩效率和比较完美的图像质量。

5)WMV 格式

WMV(Windows Media Video)是微软推出的直接在网上实时观看视频节目的文件压

缩格式,采用独立编码方式。WMV 格式支持本地或网络回放,提供多语言支持,具有可伸缩的媒体类型以及丰富的流间关系、扩展性等。

6)RM 格式

RM 格式是 Real Networks 公司制定的音频视频压缩格式 RealMedia 中的一种,可以在低速率的网络上进行影像数据实时传送和播放,如果使用 RealPlayer 或是 RealOne Player 播放器进行在线播放,则不需要下载视音频内容。

7)RMVB 格式

RMVB 格式是由 RM 格式升级出的视频文件格式,可以在保证静止画面质量的基础上,大幅度地提高运动图像的质量,在文件质量与文件存储空间上取得了令人满意的平衡点。

1.4 常见的三维动画软件

1.4.1 3ds Max

3ds Max(见图 1-16)由美国 Autodesk 公司开发,已成为专业化、高水准的高端三维动画软件,拥有精良的角色动画和渲染合成技术,能够制作细腻的画面、宏大的场景和逼真的造型。

3ds Max 集众多软件之长,有多样的造型建模方法和更具优势的材质渲染功能、丰富友好的开发环境,以及优良的多线程运算能力,支持多处理器的并行运算,是目前 PC 上最为流行的三维动画软件之一。3ds Max 的特点主要表现为以下几个方面。

图 1-16 3ds Max 软件图标

(1)对硬件的要求比较低。普通的 PC 就可以满足 3ds Max 运行所需的软、硬件要求,这一点它优于其他大型三维动画制作软件。

(2)界面友好,操作方式灵活。3ds Max 在菜单、命令窗口、工具栏、右键操作的基础上,增加了历史参数再编辑的功能,通过在修改器列表中记录建模的每一个过程,保证将来在修改构思时,可以编辑原始参数层级。

(3)插件众多。3ds Max 具有众多的外挂插件,这一点弥补了相对于其他知名三维动画软件在功能上的差距。

(4)设置动画的广泛性。在 3ds Max 中,整个系统都可以体现出"动画"特点,可调整的参数能够设置成动画,建模的每个操作也可以设置成动画。

(5)实时反馈。在 3ds Max 中,大部分参数的调试效果都可以立即在视窗中看到。

1.4.2 Maxon Cinema 4D

Maxon Cinema 4D 是德国 Maxon 开发的一款集三维渲染、动画、特效于一体的软件包,能够完成各种高质量的特效制作要求,具有超快的渲染速度,有"德国之光"的美誉,如

14

图 1-17 所示。Maxon Cinema 4D 的界面直观、人性化,核心部分非常明显,看似简单其实功能强大。Maxon Cinema 4D 具有如下特点。

（1）物体面板作用强大。Maxon Cinema 4D 主要的操作都集中在物体面板上,可以对场景进行各种管理和操作。层和 Tag 是物体面板最主要的内容,层处理物体之间相互关系,是父级和子级的方法,Tag 是图形化的物体属性和各种命令参数。

（2）操作图形化。Maxon Cinema 4D 和它的插件在操作上都建立在图形化、直观的物体相互作用关系上。这一点也决定了它的易学性,再复杂的场景文件都可以在物体面板理清关系,并且任何功能都用一个形象的图标进行表示。

图 1-17　Maxon Cinema 4D 软件图标

（3）动画设置便捷。Maxon Cinema 4D 的动画设置不仅功能强大而且容易操作,任何一个参数都可以设置动画,而且只需对参数前面的小圆点进行简单的设置。

（4）性能稳定。Maxon Cinema 4D 的性能非常稳定,能够在 Mac 上良好地运行,但它的插件存在不兼容问题。

1.4.3　MAYA

Alias Wavefront 公司推出的 MAYA 软件,如图 1-18 所示。因其具有强大的功能和价格优势,该软件很快被三维动画开发者所接受。2005 年,Alias 公司被 Autodesk 公司并购。MAYA 软件具有如下特点。

（1）在众多的三维动画软件中,MAYA 拥有最强的综合能力,具有先进的建模、数字化布料模拟、毛发渲染和运动匹配技术。

（2）MAYA 学习起来难度较大,这是所有使用者都要面对的问题。

图 1-18　MAYA 软件图标

（3）在建模上,MAYA 侧重于自由、随意地建模。MAYA 拥有超强的动画能力,直接体现在各种动画工具、动力学和粒子系统、角色动画、非线性动画、Paint FX 等功能上。

目前,新版本的 MAYA 大大提高了软件的性能,可以高效、可靠地处理各种极度复杂的模型、场景和动画数据。在高端的电影和视觉特效制作领域 MAYA 是不错的选择。

1.5　三维动画的应用

三维动画作品凭借精彩的画面、特殊的艺术加工和引人入胜的情境,把人们带入耳目一新的视听环境。因此,三维动画得到了广阔的发展空间。

1.5.1　建筑应用

三维动画制作软件在建筑领域中拥有很大的应用市场,并显示出可挖掘的巨大潜力。建筑景观环游动画的制作能让建筑设计师进一步检阅自己的设计,游走于建筑物的各个角落,继续捕捉灵感,完善作品;建筑物的使用者也可以虚拟试用未来的生活、工作空间,判断自己的投资方向;城市规划者更可以鸟瞰建筑物及其周边环境,从而确保新建筑会为城市的魅力添砖加瓦,由此,工程在破土动工之前就可以得到各方最大的满意度。

1. 房地产领域

三维动画利用多元的创作手法,将地产模型的实用性和艺术性结合起来,加之精良的后期制作和声音效果,在很大程度上提升了建筑物的观赏率。现在各种漫游动画已经很常见,例如小区浏览动画、楼盘漫游动画、三维虚拟样板房、楼盘动画宣传片、地产工程投标动画、建筑概念动画、房地产电子楼书、房地产虚拟现实等,如图1-19所示。三维动画已经成为房地产展示领域里的宠儿。

图 1-19　三维楼盘宣传片

2. 室内装潢

室内装潢三维动画的制作可以达到省时、省力、省钱的目的。通过观看效果图来感受装潢的效果,如图1-20所示。如果不满意很容易更换其他的设计方案,直到满意再进行现实意义上的施工,这也是三维动画给生活带来的便捷。

图 1-20　室内装潢效果图

16

3. 规划领域

现在,对于很多城市的规划方案,都会广泛征求城市居民的意见。一个很有效、直观的方法就是进行规划后三维效果图的制作,这样既可以展示建成后的美景,又可以形象地表达规划者的意图,让观看者一目了然,从而更多地得到人们的支持,提高工程的关注度和期望值。因此,很多建筑物的规划都会通过三维动画进行公开展示,比如隧道、立交桥、街景、夜景、市政规划、城市形象展示、园区规划、场馆建设、机场、车站、公园、广场等,如图 1-21 所示。

图 1-21　城市规划效果图

4. 园林景观动画

园林景观三维动画是园林规划方案的一种卓越的展示方式。如图 1-22 所示,三维动画可以生动、形象地表现出各种植物的外观、质感和色彩,将整个景观真实、立体地还原出来,比传统的纸面效果图和沙盘具有绝对的优势。

图 1-22　园林景观动画截图

1.5.2　影视广告应用

影视特效、片头动画及广告动画的应用显示了三维动画制作软件给人们带来的逼真的视觉感受、鲜明的色彩分级、亦幻亦真的渲染效果。

1. 影视特效

三维动画在很大程度上打破了影视拍摄的局限性,在视觉效果上弥补了实拍的不足,大大降低了拍摄费用,节省了拍摄时间,提升了影视作品的观赏性,影片也因此更加唯美。那只可爱的《精灵鼠小弟》、具有写实主义效果的《黑客帝国》以及《星球大战7:原力的觉醒》均获得了奥斯卡最佳视觉效果奖提名,如图1-23所示。这肯定了三维动画制作技术在其中的广泛应用。

图1-23　电影《星球大战》截图

2. 片头动画

片头动画在设计和制作上可以尽显影片的特点和风格。根据影片的不同,片头动画又可以细分为很多种类,像宣传片片头动画、游戏片头动画、电视栏目片头动画、电影片头动画、产品演示片头动画、广告片头动画等,如图1-24所示。

图1-24　游戏《刺客信条》片头截图

3. 广告动画

广告往往以创意制胜,好的创意往往会超越现实生活的范畴,因而广告动画应运而生。各行各业都可以利用广告宣传自己的产品,以创造更大的价值,得到更多的利润,因此生产商们不会吝惜在广告宣传上的花费,对他们来说,成功地宣传产品最为重要。这带动了三维动画在广告领域里的发展,现在的广告都或多或少地运用了动画,如图1-25所示。随着三维动画技术的发展和软件功能的增强,人们还会创造出更好的广告创意。

图1-25　耐克运动鞋广告截图

1.5.3　教育应用

　　三维动画的出现丰富了媒体的承载内容,可以把学习者带入各种有利于学习的教学情境中,如图1-26所示。三维动画可以放大微观世界,把知识形象化;存在危险的实验可以在三维虚拟实验室进行,从而确保人身安全;三维动画还可以在课堂中呈现各种地理环境、地貌特征、历史事件等,让学生产生身临其境的学习感觉。教育应用必将成为三维动画发展的重要领域,因为可供开发的市场非常庞大。

图1-26　应用与教学的机械模型

1.5.4　虚拟现实应用

　　三维动画的虚拟现实应用多数体现在国防建设、科学研究、旅游、房地产等方面。例如,三维动画可以模拟火箭的发射,进行飞行模拟训练,达到逼真直观、安全有效、节约投入的目的,如图1-27所示。在医学、流体力学、材料力学、生物化学等科研领域,三维动画可以用于情境、数据的可视化,用实时动态的方式显示人眼看不到的各种变化过程。360°实景、虚拟现实技术(VR)已在网上看房、虚拟现实演播室、虚拟楼盘电子楼书、虚拟商业空间等诸多项目中采用。

此外，三维动画还能用于很多其他领域，如交通领域的事故分析、交通管理、道桥设计，娱乐领域的游戏制作、动画片制作，医学领域的病理分析、人造器官设计等。

图 1-27　飞行模拟训练

1.6　练　习

1. 填空题

（1）三维动画中期制作主要包括_____和_____两个阶段。

（2）模型动画制作涉及的具体工作有_____、_____、_____等。

（3）三维动画的应用领域主要包括_____、_____、_____、_____等。

2. 选择题

（1）下面哪个不是三维动画制作软件？_____

  A. 3ds Max   B. Macromedia flash

  C. Maxon Cinema 4D   D. MAYA

（2）常见的影像文件格式包括_____。

  A. AVI 格式   B. MPEG 格式   C. MP3 格式   D. RMVB 格式

（3）渲染过程主要是三个计算过程，分别是_____。

  A. 计算相机中物体的前后空间关系   B. 计算光源对物体的影响

  C. 计算物体表面的颜色   D. 计算纹理的组成

（4）三维动画制作中，角色一般要制作三套模型，分别是_____。

  A. 多边形模型   B. 低精度模型

  C. 高精度模型   D. 动力学解算模型

3. 简答题

（1）分析 3ds Max、Maxon Cinema 4D、MAYA 各自的特点。

（2）简述三维动画的技术原理。

（3）列举几个三维动画的应用实例，并谈谈三维动画给人类社会带来的影响。

（4）叙述三维动画制作的主要阶段及实现方法。

【学习导入】

有人说"做动画的人像上帝一样在创造世界"：动画需要赋予每个角色不同的命运，由此组成剧本；需要捏出每个角色的外貌，或美或丑，或高或矮，完成形象造型；把角色安排在适当的时空里面，使之处于一定的场景之中；安排好了还要连起来看一遍是否与剧本吻合，并为整个作品加入衬托情感的声音效果，以完善作品。这些就是动画设计基础，掌握这些最基本的动画创作知识，是"行使上帝的权利，创造魅力世界"的前提。

【学习目标】

知识目标：了解剧本创作的一般规律，明确动画剧本的特点；掌握形象造型和场景设计的方法；掌握分镜头设计的方法，可以对指定情节进行分镜头设计；理解音乐和音效对于三维动画的重要性。

能力目标：根据动画设计的基本流程，能够合理分工，合作完成作品；能够进行简单的形象造型和场景设计。

素质目标：能够根据剧本的情节结构领会剧本创作者的构思思路；进行名片欣赏，根据不同的故事情节体会影片中音乐与音效的配置方案。

2.1　剧 本 创 作

"剧本剧本，一剧之本。"这句话着实说明了剧本在作品中所占的地位及其重要性。要想创作好作品首先要创作好剧本，剧本创作是成就"奥斯卡"的前提条件。下面就从剧本创作的原理和剧本创作的方法两个层面进行介绍。

2.1.1　剧本创作的原理

1. 动画剧本的特性

1）美术特性

动画与真人影视剧最大的不同就是其美术性。这也使得动画在情节表现上有了更大的施展空间。动画造型具有多样性，可以很容易地把想象元素运用到作品中，完成很多真人表演无法实现的情景和幽默。

2）电影特性

动画片具有电影的特性。首先，影片都是通过影像表达意思，在动画剧本创作中，一方面适应日常生活使人们形成的对视觉符号的认同；另一方面又不能局限在现实中，应该进行大胆的艺术夸张，充分利用卡通世界"无所不能"的特点，发挥动画独有的优势。其次，动画剧本的创作要合理运用蒙太奇。剧本不只是"讲故事"，还有"怎么讲"的问题。蒙太奇的运用就是为了把故事讲得更精彩,讲得更巧妙。运用蒙太奇手法精心编排的故事情节,往往会达到事半功倍的艺术效果。

> 蒙太奇由法文 montage 音译而来,原是建筑学的一个术语"装配、构成"的意思。影视艺术中的蒙太奇则是把一个个镜头合乎逻辑地、有节奏地连接起来,使观众得到一个明确的印象和感觉,从而正确了解事情发展的一种技法。

3)假定性

动画剧本中的假定性成分要大于其他种类的剧本,假定性使动画剧本独具魅力。假定性造型,可以随意发挥想象力创作角色,比如中央电视台少儿频道播出的《盒子的世界》,主人公就是一群五颜六色、充满幻想的盒子;假定性时空,动画剧本发生的时空不受任何限制,可以任意虚构;假定性情境,动画剧本中创造的世界可以颠覆生活常理,人物角色可以永远年轻,不会长大。

2. 剧本创作的思维

"源于生活,高于生活"是对艺术创作的要求,动画剧本创作也不例外。源于生活是说剧本创作者要有深入生活的过程,对生活有比较深刻的理解;而高于生活是说要有给生活原型拔高的能力,使事件更典型,更具有趣味性和教育意义,剧本创作者需要充分发挥想象力,恰当运用艺术夸张,适时挥洒幽默元素,这样才能成就优秀的动画剧本。

1)生活是创作的源泉

生活是艺术创作的源泉。成功的动画作品往往具有浓厚的时代气息,与观众能够产生共鸣。这样的作品只有在洞察生活、体验生活、感悟生活后才能被创作出来,所以说生活阅历的积淀、生活素材的积累,对于创作者来说非常重要。

2)想象力

动画片给了创作者一个充分发挥想象力的舞台,而且这个舞台不能没有想象力。想象力是动画艺术的核心,也是动画作品的灵魂。动画艺术的假定性为动画剧本的想象力提供了理论支撑。很多取材于神话、童话的作品都幻想色彩十足,即使是写实风格的动画也充满了假定性元素,这样才能凸显动画片的优势。

3)艺术夸张

艺术夸张是指创作者选择特定细节,借助想象力有目的地加以夸大渲染,通过夸张手法更强烈地凸现事物的典型特点,是动画创作思维不可或缺的重要环节。造型夸张在动画创作中是比较普遍的。情节设计的夸张更适于加强作品的艺术感染力,用很多"意料之外,情理之中"的创意刻画角色,展开情节,升华作品的主题。

4)幽默感

幽默是一种高品位文化,只有超凡脱俗、从容大度、阅历成熟、知识广博才能幽默。动画剧本中的幽默趣味,向人们展示的是剧本创作者的幽默感。因此,具有丰富的幽默感会对动画剧本的创作大有裨益,使剧本的笑料深沉而睿智。

幽默可以通过自嘲来表现,也可以通过在剧本中设置一个插科打诨的配角来实现,这是创作者们屡试不爽的创作手法。

3. 剧本创作的企划

动画项目的企划能力是剧本创作者应该具备的能力素质。明确剧本创作在产业链中的作用,有针对地进行项目运作实现剧作的价值,是企划的目的。

1) 创意与策划

创意是感性的思维,策划是理性的思路。创意是动画的立足之本,策划是动画的推广之路。创意主要是指动画片自身的标新立异,所呈现的故事能够在同类动画片中脱颖而出,立意原创,这就要求剧本创作者对生活要有深刻的理解,对剧本进行巧妙的构思。

在市场经济环境下,动画片必须考虑自身的经济效益,策划是由此产生的一道工序,主要包括成本回收、创造盈利,目的是使动画产业良性循环。

2) 项目企划

动画产业链比一般的文化产业链更长一些,剧本创作是其中的一环,这一环是否成功直接影响整个产业链的运作。因此多数情况下剧本创作者会直接参与项目企划,至少也要了解运营格局,这样才能把握住剧本的创作方向,使剧本创作这一环节更加坚固。

2.1.2　剧本创作的方法

1. 剧本的题材

题材指构成文学艺术作品的材料,是作品中具体描写的事件,也是构建作品内容的基本框架和指向。

1) 幻想题材

(1) 童话题材。童话是利用想象力虚构的各种神奇并且充满童真与童趣的故事,与动画的艺术特性能够水乳交融。童话题材的动画片往往是情节曲折,结局圆满,能够呈现给人们一个美好而纯真的世界。

(2) 魔幻题材。魔幻题材往往超出现实正常生活,以特殊的时空环境架构故事背景,并具有特定的法则对剧本创作进行限制。

(3) 科幻题材。科幻题材以现实物质的第一性为前提创造超现实世界。以物理、化学、生物等自然科学为依托的称为"硬幻想",以社会学、心理学、文史哲等人文学科为支撑的称为"软科幻"。"软科幻"不需强调科学背景,更容易让观众接受,符合大众的口味。

2) 现实题材

(1) 喜剧题材。喜剧题材的动画片主题单纯,篇幅短小,内容轻松幽默,能够使观众放松心情,是雅俗共赏的作品。

(2) 讽刺题材。讽刺题材就是使用嘲讽手法描绘敌对的落后的事物,达到贬斥、否定的效果,使观众明理。

(3) 传奇题材。传奇题材的原型一般来自真实生活,包括警察侦探类和恐怖类。动画片中的侦探题材往往会有超越日常生活的情节,正好成为此类动画片的看点,能够带来拍案称奇的效果。

(4) 励志题材。励志题材使人心潮澎湃、积极向上,产生激励效果。

3) 古典题材

古典题材的作品来源于古代的历史事件或流传的故事,剧本创作中会在原型的基础上进行现代化的演绎。

(1) 历史故事。中国五千年文明所孕育的灿烂文化,是一座浩瀚的宝库,有取之不尽的素材。剧本创作中要本着"合理改编,自圆其说"的原则进行,合理地发挥创造力。

（2）神话和寓言。神话故事一直是动画剧本乐于表现的主题，在物质生活高度发达的现代社会尤甚。根据神话改编的动画片，就像披着神秘面纱的新娘，强烈地吸引着观众的目光和好奇心。

2．剧本的情节设定

情节是叙事艺术非常重要的元素，特别强调因果关系。动画剧本创作者就是要梳理出故事的逻辑，并进行艺术加工，达到强调和充实作品的目的。例如，故事是"小明没来上课"，那么"小明为了送奶奶去医院没来上课"就是情节了，由此可见，情节对因果关系的强调。将故事变成情节是剧本创作者创造艺术世界的首要任务。

1）规定情境

通俗地讲，规定情境就是剧本创作者所设定的时间、地点、人物、事件等要素的有机结合。这些要素要经过精心的设计，是由创作者所"规定"出来的。规定情境包括环境、角色和事件三个要素。环境是自然场景和社会背景的交代，角色是指不同性格、不同目的的各个角色在特定条件下的互动，事件是角色互动产生的结果。

规定情境的常用方法就是在剧本的开头把时间、地点、人物情况和事件的起因交代明白，也有的动画片为了设置悬念而让观众在观看的同时一点一点地明白事情的来龙去脉。

2）矛盾冲突

矛盾冲突是动画片的看点，有了矛盾冲突才会产生一系列的精彩剧情。生活中，矛盾冲突无时不在、无处不在，而在文艺作品中，矛盾冲突被突出了，成为剧情发展的重要手段。而观众，正是被各种尖锐的矛盾所吸引，时而为主人公的悲惨遭遇潸然泪下，时而为反面人物的得逞愤怒不已，这就是矛盾冲突的魅力所在，体现了矛盾冲突在剧本创作中的重要性。通常矛盾冲突处在动态的发展过程中，是一个从量变到质变的过程，在此消彼长中相互转化，甚至有可能"统一战线"，成为合作者。

动画剧本中的矛盾冲突分为内部矛盾和外部矛盾两种类型。

（1）内部矛盾。内部矛盾用来表现角色内心思想情感的冲突，从而达到塑造角色性格的目的，这是剧本创作者不可忽略的关键环节。内部矛盾常用的表现手法是创造突发事件探视角色隐藏的内心世界，或是通过角色的动作、语言等外部行为来反射其心理活动，再或者托物言志，让环境成为角色内心世界的外化。

（2）外部矛盾。外部矛盾包括人与人的冲突、人与社会的冲突、人与自然的冲突。人与人的冲突来源于性格和观念的差异，通过言行举止表现出来；人与社会的矛盾一般表现为个人对强势的统治力量；人与自然的冲突表现为人与自然界中恶劣的气候不屈不挠的斗争精神或者由于过度开采招致大自然的报复等。

3）细节

细节是情节体系中一个微小的组成部分，整部动画片就是由细节堆砌而成的，"细节决定成败"。剧本创作中常用的三种细节表示方式是：动作细节、语言细节和道具细节。动作细节是通过角色的动作流露出内心的情感，例如盖被子表现出关心，掉眼泪可能是伤心也可能是挂念等。语言细节特别擅长塑造角色的个性，精彩的对白往往成为角色的招牌特点。道具细节具有更多的趣味性和灵活性，以此借物抒情，衬托角色的内心世界。

3．剧本的结构

剧本的结构是创作者对故事的总体布局，包括起、承、转、合四个阶段，"起"指开端；

"承"指承接上下文加以申述;"转"是转折,进行立论;"合"是结束。在剧本的结构中可以把这四个阶段引申为开端、发展、高潮和结尾。

1)开端

剧本开端的首要任务就是阐明故事的时间、地点、角色、背景等,精彩的开篇会十分吸引观众,让观众对下面的内容倍加期待。这就要讲究写作的技巧和悬念的设定。

剧本的开端提倡短小精悍,交代的时间过于长久会使观众产生疲劳,对动画片失去兴趣。只有让观众尽快入戏,才能留出更多的笔墨进行发展的创作。

2)发展

发展在剧本中占用的篇幅最大,是故事的主体部分,通过矛盾冲突的不断激化和升级,角色性格在这个阶段得到充分的展示。

对于矛盾冲突的一步步升级,要把握节奏的变化。多个矛盾同时存在时要注意主要矛盾和次要矛盾的疏密有别,层次清晰,体现戏剧性。当矛盾冲突到达顶点时,就预示着高潮马上来临。

3)高潮

高潮是矛盾冲突汇集到顶点,决定主人公命运的时刻,重要的悬念也会被揭开,构成整个动画片的华彩段落,把主题升华到一个新的顶点。例如《狮子王》的高潮部分,从辛巴返回荣耀石开始,直到再次站在荣耀石上成为国王。在这个阶段矛盾冲突上升到顶点,辛巴和刀疤正面对抗,并在斗争的过程中辛巴终于知道父亲死去的真相,揭开了悬念,观众释然,辛巴登上王位,万物复苏。高潮不能拖沓,精彩过后就自然进入结尾。

> 高潮部分是动画片的顶点,也是冲击力最强的部分。因此应该在营造完美的视觉艺术效果的同时,设计出有震撼力的音响效果,这样才能充分利用观众的视听觉感受达到对动画片高潮的强化。

4)结尾

剧本的结尾要把握时机,高潮过后观众处在激动和兴奋之中,要留有情绪过渡的阶段,但是过渡的时间不能过长以免削弱观众在高潮时积聚的情感。

结尾可以是封闭式的,分别介绍各个角色的归宿;也可以是开放式的,留给观众更多的联想空间和想象的余地。

2.2 形象造型

成功的形象造型不仅可以提高动画片的吸引力,还可以给周边产品带来很大的市场,可以说每一个形象造型都是一件体现人类灵感、智慧的艺术品。

2.2.1 形象造型的步骤

在进行动画形象造型设计时,设计师首先要做的事情就是与导演沟通,根据动画片的风格确定形象设计的大致方向。接下来是仔细阅读剧本,分析人物的性格特征、职业背景等,为设计进行前期的资料搜集。然后进入创作过程,将情感、环境、幽默、夸张融入创作。对于三维动画形象造型,还要特别注意角色的完整性和灵活性。最后要进行颜色和质感的设计,运用好色彩具有的情感,匹配好材质的质感,会使形象更符合剧本中的个性。

形象造型的设计过程是从写实到写意的过程,包括三个层次:写实、提炼、写意。

写实,就是设计者在进行形象造型之前应该在生活中寻找原型,因为不论是虚拟世界还是童话世界,其中的角色必定与现实生活存在着千丝万缕的联系,正所谓"源于生活,高于生活",有了生活中的原型,就有了进一步进行设计的基础。

提炼,根据剧本中角色的特征,对原型进行提炼、整理。在形象上留下有利的特点,改变不利的元素,例如对于角色的高矮、胖瘦等可以根据剧本中的性格刻画进行选择。在动态特征上更要进行细心提炼,使角色看上去或机灵,或憨厚,或优雅,或活泼。

写意,在确定了形象造型主要特征的基础上进行适度的夸张和变形,增添角色的魅力,使其更符合性格特征,更容易被人记住,或者说更让人喜欢,这也是本阶段要达到的目的。

2.2.2 形象造型的设定

1. 以文字为依据进行设定

动画片总体的艺术构思和剧本提供的文字内容,都是形象造型的设定依据。从剧本中可以知道角色的年龄、性别、职业、爱好、社会背景、性格、心态、人生经历等,这些情况的掌握有利于创作者对形象造型的设计。

2. 以动画片的特征为依据进行设定

动画片的特征,如题材、风格、地域、宗教等元素,也要成为形象造型设定的依据。例如,迪斯尼公司出品的《花木兰》,其中木兰的造型就保持了东方人的相貌特征和穿着打扮,很大程度上尊重了作品原型的文化背景。

形象造型的设定还可以分为写实造型风格和拟人化造型风格。

写实造型风格中一类是纯写实,形象造型夸张变形的"度"很小,基本上是尊重角色原型的,如《小战象》等作品中的角色,如图 2-1 所示;另一类形象造型夸张变形的"度"比较大,外表特征比较写实,但与真实人物有区别,如《欧力牛和迪瑞羊》中三毛的动画形象就是如此,如图 2-2 所示。

图 2-1 《小战象》形象造型

图 2-2 《欧力牛和迪瑞羊》的形象造型

拟人化造型风格是指把物体或是动物人性化，如《马达加斯加》《冰河世纪2》《飞屋环游记》等，不胜枚举，而且很多这样的形象造型都是非常成功的设计方案，赢得了全球观众的一致喜爱。图2-3为一些图例。

图2-3　拟人化造型风格动画作品示例

3. 以观众的兴趣取向为依据进行设定

形象造型设定之前一定要分析作品将来的受众群体，充分考虑观众的审美风格，才能设计出被人认可的艺术形象。

2.2.3　形象造型的方法

1. 分析法

分析法是形象造型比较常用的一个方法，分析是指对剧本的分析。形象造型设计师在首次阅读剧本时，会对各种角色产生"第一印象"。"第一印象"包含着对角色初次产生的感觉和理解，会带有设计者偶然的想法，或者是闪念的灵感，这些对形象造型的设计都会产生深远的影响。在对角色进行分析的同时尽量把想象中的形象画出来，这样有了原型，在此基础上再进行修改、变形，灵活运用自己积累的知识和经验，形象的细节会得到进一步明确。此外，还要分析剧本中角色的特征，如年龄、爱好、性格等，并为角色添加适当的道具，从而设计出完整的有个性的形象造型，如图2-4所示。

图2-4　《头脑特工队》中"愤怒"和"害怕"的造型设计

2. 借鉴法

1）借鉴生活中的事物

生活中有取之不尽、用之不竭的创作素材，生活是艺术创作的源泉。例如现实中憨态可掬的树懒，经过形象造型设计师的提炼加工，可以诞生出可爱、活泼、热心的希德，如图2-5和图2-6所示。

图 2-5　现实中的树懒

图 2-6　树懒造型效果

2）借鉴传统艺术

传统艺术有着上百年的发展历程，得到过无数艺术家的丰富和改进，蕴含着深厚的文化底蕴和民族的个性。合理地吸收和运用传统艺术，会为形象造型注入更多的深刻内涵和生命力。

3. 嫁接法

形象造型中经常会用到嫁接法，把一个事物的特征添加到另一个事物身上，从而产生一种新奇的视觉感受，在比较怪异的设计中，这种形象造型是非常常见的。外形上如此，质地材质上也可以移花接木，给人熟悉而又陌生的视觉感受，熟悉的是材质本身，陌生的是组合方式，如图 2-7 所示。

4. 实验法

实验法是指经过多次有目的尝试而获得创作灵感。在形象造型设计的开始，设计者可以不拘泥于任何限制，随意进行创作。这个过程是一个实验的过程，很可能产生一些意想不到的生动的东西，如图 2-8 所示。对这样的"遭遇"及时捕捉并使之成为造型设计的要素是设计者乐此不疲的。

图 2-7　希腊神话中的半人马卡戎

图 2-8　日本漫画《寄生兽》中的造型

艺术创作中的"遭遇"是指创作者不局限于某种样式甚至是意识，在纸上随意地涂鸦。在这个过程中可能会产生一些生动的东西，进而把它们捕捉下来，成为角色设计的要素。

2.3 场景设计

2.3.1 场景设计基础

1. 场景设计的概念

场景设计在动画的创作过程中占有举足轻重的地位,是指依据剧本为角色活动和剧情发展所需的背景空间进行的有框架要求的设计。动画场景的设计与影视剧的场景设计有根本的不同,影视剧场景设计主要体现在选景和布景上;而动画场景设计则体现在创作上,具体指对景物造型的设计、材质的设计、色调的设计和光影的设计几个方面。

场景设计要兼顾功能性和艺术性,二者相辅相成,缺一不可。功能性是指场景设计要满足角色表演和剧情发展的需要,辅助情节的延续;艺术性是指场景设计要具有一定的观赏价值,给观众的视觉感官带来美的享受,满足审美需求,用这个独特的表达方式来传递情感,烘托主题,展现艺术风格。

场景设计具有很大的自由度,除了要尊重剧本以外不受任何限制,可以任意发挥想象力塑造情境,这也是动画的魅力所在。场景设计要根据剧本需要进行,充分融合创造力,不受现实环境条件、时空条件和物质材料的限制;甚至可以搭建出具有真实感的虚幻空间,使想象中的情境具体化、可视化,将观众带入神奇的动画世界。

2. 场景设计的作用

明确场景设计的作用是做好场景设计的前提条件。好的场景设计既能发挥巨大的功能作用又具有强大的艺术感染力。场景设计不像角色设计那样能够被观众所熟记,它就像"润物细无声"的小雨,在不知不觉中将信息渗透给观众。因而,除了专业的动画设计者很少有人在观看动画片的时候注意到场景设计。

实际上,场景设计不只是设计一些景物来陪衬角色的表演,或者用来弥补画面的空白,它的作用很多,很复杂。明确场景设计在一部完整动画片中的作用,可以加深对场景设计的理解,有利于设计出符合剧本要求的场景,提高分析鉴赏动画作品的能力。

1) 交代时空背景

在故事情节展开的过程中,绝大部分动画片是通过画面传递给观众时间和地域的信息。优秀的场景设计可以一目了然地反映出故事的时代背景、文化背景、地域特征和民族特征,并可以将这些重要的场景设计要素与动画片的艺术风格有机结合起来,自然而然地把观众带入到动画片的故事情节当中去。

2) 辅助情节展开

动画片表现的并不是完整的故事本身,而是通过一个个关键的情节片段把故事展现出来。因此,动画片的故事情节要想一步步展开,需要通过很多辅助手段来实现,这些手段可以是镜头、背景音乐、旁白,当然还可以是场景画面。

场景设计可以起到叙事的作用。最常见的方法就是通过冰雪消融、树木抽芽、繁花盛开、风舞落叶等场景来反映四季更替、岁月流逝,从而自然流畅、简洁明快地表现出大跨度的时间变化,帮助推动情节,达到叙事目的。

场景设计可以强化矛盾冲突。矛盾冲突是动画片的核心,动画片的吸引力全在于此。

所以,导演们会不遗余力地利用一切手段表现矛盾、突出矛盾,并且通常利用场景设计强化对比、渲染气氛、表现角色的情绪变化。例如,很多动画片在关键的时刻都把火焰、狂风、冰雪、暴雨等元素加入场景设计,来增强动画片的感染力和观赏性,以表现出更加深刻和激烈的矛盾冲突。

场景设计可以起到预示的作用。动画片通过改变场景中的色调、光影、景物等信息来预示剧情发展的方向,这样观众可以根据场景中气氛的变化了无痕迹地进入到即将到来的故事节奏当中去,随着情节的展开或紧张或兴奋,情不自禁地进行情绪的转变。

场景设计可以起到隐喻的作用。在动画片中,场景设计往往可以用形象直观的视觉语言表现抽象复杂的观念,运用一些符号化的语言,使场景具有象征意义。将抽象的观念、复杂的现象形象化、模型化,就是场景设计的隐喻作用。

3) 刻画角色特征

场景设计可以辅助刻画角色的性格特征,表现角色的心理活动,还可以利用场景的变化展现角色的心路历程。场景设计可以从角色性格的角度出发,配合情节发展来设置构图、色调、光影和透视等画面元素,通过这样精心地对场景进行设计,可以更贴切地表现出角色的情绪波动和内心世界的变化,从而辅助刻画角色特征。

4) 体现艺术风格

动画片可以任意挥洒想象力,具有极大的创作自由度,通过对角色和场景的组合展现丰富的艺术风格。而在每个画面中场景所占空间的比例往往要比角色大得多,而且场景出现的镜头比例也要远远大于角色出场的镜头比例,这就决定了在引领动画片艺术风格的层面上场景设计将起到主要作用。因此,场景设计最能体现动画片的艺术风格。

5) 烘托情境气氛

合理运用场景设计的诸元素可以营造环境气氛,将情节和角色带入特定的氛围中,由此增加动画片的感染力。通常动画片会贯穿始终地以某种画面气氛和情绪基调作为主线,烘托出动画片独有的情境氛围,从而在总揽全局的基础上,表现出场景设计的基调和艺术风格。

2.3.2 场景设计的构思

1. 场景的构思

1) 剧本是场景设计的依据

剧本是动画制作流程中所有工作的依据,更是场景设计总的依据和基础。进行场景设计时,首先要明确剧本中所设定的历史背景、文化背景,并且根据剧本确定动画片的风格类型、营造特定的意境与情绪基调,充分发挥出场景设计具有的各种功能和作用。好的场景设计可以形象贴切地呈现出剧本中所描绘的情境,恰到好处地衬托角色的性格特征和心理活动,深刻而含蓄地诠释导演的创作意图。

2) 艺术风格的确定

"风格"是指艺术作品内质外化的表现形式。任何作品都具有自身独有的某种"味道",这个"味道"就是所谓的艺术风格,例如日本动画的唯美,美国动画的幽默,欧洲动画的浪漫就是它们各自的"味道","味道"基本固定于民族底蕴的范畴之内,如图2-9～图2-11所示。动画作品的艺术风格多种多样,不仅能够透射出动画创作者的理想、信仰、审美风格和教育背景,还会受到很多方面因素的影响。它贯穿于动画片的整个创作过程,每个步骤都是风格确定和实现的过程。

图 2-9　日本动画《名侦探柯南》

图 2-10　美国动画《疯狂动物城》

图 2-11　法国动画《凯尔经的秘密》

从形式语言的风格来分类,动画作品可以分为写实风格与非写实风格两类。写实追求对客观存在事物真实的摹写,是指经过艺术加工,对现实事物进行选择、归纳、取舍、提炼得到具有典型性、概括性、代表性、综合性的真实场景。非写实风格则融入了作者丰富的想象,通常运用夸张、变形的手法抽象地表现事物形貌,从而对现实世界进行概括,可以创作出更具艺术表现力和感染力的场景。

2. 概念稿的创作

概念稿体现场景设计的整体设计思维,须树立统观全局的设计理念。不同空间场景的设计要风格统一,场景与角色设计也要风格统一,而整体风格还要利于表现动画片的主题,与主题协调一致。概念稿是剧本内容的第一次视觉化表现,主要记录设计者的创作灵感和设计思路,注重场景的氛围、情绪基调的表现,通过利用构图、色调、光影等要素从整体上把握作品的意境,从而产生作品将要给观众带来的感觉。因此在概念稿的设计中要强调感觉、灵感、意境。

概念稿是画面效果的最初表现,帮助设计者将其想象中的情节画面跃然纸上,显示出设计者对剧本主题的领悟、对情节发展的把握、对角色情绪的剖析。概念稿是剧本主题在设计者脑海中形成的最原始的最初的最直接的感觉。它必须蕴涵剧本的主题,能营造出具体的情节氛围,能表达剧本的情绪基调,能画出剧本给人的感觉,将观众带入一个特定的情境当中去。概念稿是从整体上把握作品的基调,并不会清晰、精细地描绘出具体的形象,需要经过一点点的推敲、一次次的修改,方可使形象具体化、完善化,形成美术设计的完成稿。因此,概念稿是后续工作的基础和保证,是草稿、正稿、分镜头场景和后期特效等设计环节中不可或缺的参照物。

2.3.3 场景设计的方法

场景设计的方法主要有平面图绘制、立面图绘制和色稿绘制三个步骤,如图 2-12 所示。

图 2-12 场景设计图

第2章 三维动画设计基础

1．平面图

平面图是三维动画场景搭建的一个重要参考材料,用于表明场景间和场景内部各种物体的位置关系。以后要根据平面图分析摄影机的机位、角色运动方向及场景调度等。平面图一般没有颜色和样式,而是通过线条进行绘制。根据设计的需要,平面图可以做成鸟瞰图,或者俯视图,例如,用鸟瞰图表示角色完整的运动路线或是与其他角色实时的位置关系是比较清晰明了的。要知道,无论从哪个角度表示,图样起的作用都是相同的。

2．立面图

立面图是指在与房屋立面平行的投影面上所做房屋的正投影图,也叫建筑立面图。立面图主要用于表现建筑物表面的艺术处理,能够比较完整地呈现建筑物的整体效果、造型设计、装修情况、建筑细节、各部分比例等重要信息,可为镜头场景的设计提供参照和依据。立面图按照建筑物的不同方向可以分为正立面图、侧立面图和背立面图。

3．设计稿

设计稿也叫"色稿",称其为色稿会更形象一些,有颜色是这一稿区别于平面图和立面图的主要特征。在这个阶段,要绘制出所有场景,并且这时的场景要相当完整,场景中物体的固有色也要准确地表示出来。色稿往往表现比较广阔的视觉角度,能够看清场景的全貌。如果有的细节不能清晰地表现,还要绘制一些局部稿进行说明。

2.4 故事板、分镜头设计

2.4.1 动画故事板

故事板一般用于商业动画策划中,表现故事概要。相对于分镜头而言,故事板具有不确定性和不完整性,只是一个概念的体现。

三维动画故事板是指在三维动态故事脚本的基础上进行的延展工作。它的作用就是将二维平面上静止的分镜头转换成三维立体空间中运动的画面,帮助动画创作者迅速转换视觉欣赏角度,重新感受镜头带来的感觉。在这个环节中,需要将设计好的造型、场景、道具、服装以及为各种场景选择的色调都放到三维环境里,按照分镜头脚本进行粗略的预演,审视整个作品的创作效果。

在三维动画故事板中,不必将角色所有的表情都进行细致的表现,制作几个有代表性的就可以了。角色在场景中的运动也不必面面俱到,完成简单的动作就可以了。三维动画故事板更注重从整体上把握作品的感觉和镜头的设计,是创作者发现问题和解决问题的重要环节,在此基础上创作者还可以进行作品细节的揣摩和商榷。

三维动画故事板将保证以下工作的质量和完成:场景的整体效果;角色的位置变化,包括场景中的位置、安全框中的位置;角色、场景、摄影机三者的互动设计;灯光效果;拍摄的位置、角度,摄影机运动方式和景别的选择。

三维动画故事板看似简单,却要求创作者具有全面的动画制作技术和理论知识。这样才能出色地完成本阶段的任务,保证整个工程的进度。

2.4.2 分镜头设计

分镜头设计是根据分镜头文学剧本提供的镜头内容和导演的意图,逐个将镜头进行画面的设计绘制,具体包括镜头外部动作方向、视点、视距、视角的演变关系,以及镜头画面的景别、构图、色彩、时间、光影和运动轨迹。

1. 镜头语言

1)景别

景别一般分为远景、全景、中景、近景、特写五种,有时会分得更细致一些,表2-1所示为景别分类表。

表 2-1 景别分类表

景	别	描　述
远景	极远景	极端遥远的镜头,人物像小蚂蚁一样
	远景	人物在画面中占很小的位置,用以交代环境的整体视觉信息
全景	大全景	包括整个被摄主体和周边大环境的画面
	全景	表达被摄主体的整体视觉信息,可以看清人物的动作和所处的环境
	小全景	主体在画面中完整出现,几乎是"顶天立地"
中景	中景	以表达被摄主体大部分的视觉信息为主,俗称"七分像"
	半身景	从腰部到头的范围,俗称"半身像"
近景		用来表现物体的主要部分,主体在画面中占主要位置。以人体为例,画面中取景部分为胸部以上
特写	特写	通常以人体的肩部以上或物体的局部为取景范围,是景别中的感叹号
	大特写	又称"细部特写",突出人体或物体的某一细部,如眼睛、扳机等

2)摄影机拍摄方式

摄影机的拍摄方式主要体现在表2-2中。这些拍摄方式在实际的运用中可以综合使用,一个镜头里可能出现几种拍摄方式,增强画面的表现力。镜头可以分为短镜头和长镜头,30s以内的镜头叫短镜头,30s以上的连续画面拍摄称为长镜头。拍摄方式在实际创作中要灵活运用,增强动画片的观赏性和表现力。

表 2-2 摄影机的拍摄方式

拍摄方式	描　述
推	被摄主体不动,拍摄机器做向前运动拍摄,取景范围也因此有大变小,分为快推、慢推和猛推
拉	被摄主体不动,拍摄机器做向后运动拍摄,取景范围由小变大,分为慢拉、快拉和猛拉
摇	摄影机位置不动,在三脚架的底盘上做上下、左右、旋转等运动,视觉效果就像在原地环顾
移	通常专指把摄影机放在运载工具上,沿水平面在移动中拍摄对象
跟	跟拍的手法多种多样,可以是跟移、跟推、跟摇、跟拉等20多种方法,目的是使观众的目光始终盯在被摄对象身上
升	向上移动拍摄
降	向下移动拍摄
俯	镜头朝下拍摄,常用于展现环境的整体场面
仰	镜头朝上拍摄,拍出来的效果常会让人觉得高大、雄伟
甩	也叫扫摇镜头,指从一个被摄体甩向另一个被摄体,表现急剧的变化
悬	悬空拍摄,表现力比较广阔

2. 分镜头剧本绘制

分镜头剧本的绘制是指用画面的形式把故事呈现出来,目的是架构动画片,重在把导演的意图表现出来。优质的分镜头剧本可以激发创作人员的想象力和灵感。当然,如果有照片等现有资源可以替代分镜头稿本的绘制,从而提高工作效率。

根据动画片输出的要求,分镜头的绘制要选择不同的画幅比例。比较常用的动画片格式有两种,分别是标准银幕和宽银幕。标准银幕画面的宽高比为 4:3,也要选用 4:3 宽高比的分镜头稿纸进行分镜头绘制;宽银幕是 20 世纪 50 年代开始兴起的,观众可以看到更广阔的视野,画面的宽高比为 16:9。

动画片分镜头稿的版式各种各样,但是总体上来讲就是横式和竖式,其实表现的内容没有实质上的不同,只是分镜头画面排列形式的变化。竖式分镜头稿如图 2-13 所示。

图 2-13 竖式分镜头稿

3. 故事影带制作

分镜头绘制完成之后,需要把分镜头画面扫描进计算机,配合先前录制的声音效果,剪辑成动画片,这就是分镜头设计形成的“故事影带”。通过“故事影带”可以更直观地表现动画片的最终效果,如故事叙述是否流畅,情节设置是否紧凑,镜头安排是否合理等,尽早地在制作前期发现问题,尽快地解决问题,以避免更大的损失,为创作人员的修改和调整提供方便。随着动画创作技术的发展,这个动态的过程渐渐被 3D layout、粗动画、动画预览镜头取代。

在三维动画制作中,故事影带可以由软件来完成。可供利用的软件种类繁多,用户可以根据自己的实际情况进行选择,像 Adobe Premiere Avid、绘声绘影等都可以实现。

2.5　音乐和音效

　　音乐和音效在动画片中是容易被制作者忽略的内容,其实优秀的作品不只体现在画面的震撼力,音乐和音效的精良制作同样可以调动观众的情绪,唤起观众的情感共鸣。甚至有些动画片还是先有的声音,后有的画面,这些动画片从对声音的感觉中寻找画面的创作灵感,迪斯尼的《幻想曲》就是这样创作出来的。因此,动画片中的声音设计不容忽视。

2.5.1　音乐

　　动画片中的音乐特别强调时间,音乐创作根据分镜头上表示的时间控制长短和剧情谱写内容。音乐可以是与画面同等重要的叙事工具,通过节奏或者是歌词推动剧情、渲染气氛、调动情绪。

　　画面与音乐的完美结合能够凸显画面的感染力和概括力,凸显音乐的具体性和确定性。音乐在动画片中可以传达情感,主人公的各种微妙、细腻的心理变化和心理感受可以通过音乐表达得惟妙惟肖;音乐可以烘托气氛,随着情节的变化音乐的节奏时而轻松愉快,时而急促紧张,进一步带动观众的视听感受,渲染环境气氛;音乐可以用来表现动画片的主题,任何动画片都有其要表现的中心思想,或赞扬或讽刺,或歌颂或批判,音乐可以含蓄地向观众传达某种主题;音乐可以连贯情节的发展,通过音乐将一系列有关联的镜头或是场景连接起来,使情节内容形成一个完整的段落;音乐可以塑造角色、推动剧情发展,这种作用常常利用歌曲实现,在歌词的配合下说明心情的发展,表现剧情的变化;音乐可以形成动画片的风格,通过音乐的时代特征、地域色彩、民族特点等强化动画片的整体风格。

2.5.2　音效

　　在动画片中除了配音和音乐以外,所有的声音都属于音效,它的主要功能就是创造真实的情境,通过音效模拟"环境真实"和"心理真实"。"环境真实"是指进行音效设计时,根据场景情境需要,通过技术手段尽可能地实地收集各种声效,包括环境声,角色动作的效果声和特定事物的声音。这些音效的表示可以把情境真实化,表明事件发生的时空。"心理真实"则更多地体现了制作者的创造性,可以根据剧情的需要放置音效,例如,环境安静、气氛紧张可以用嘀嗒的钟表声来衬托。

　　动画片是充满想象力的艺术作品,音效对增加动画的趣味性和想象空间具有重要作用。画面中存在的风雪雷电可以用音效进行表示,画面之外的听觉世界,音效更可以显现创作者的艺术造诣。在动画的虚拟世界中,可能角色、场景都是观众陌生的,但观众可以自然接受,因此,这种画面的音效创作自由度非常大。

　　音效的搜集可以实地录制,也可以在录音棚中利用各种工具进行现场制作,可能做出的音效与情节并不相符,但重要的是制作效果一定要满足或者超越观众的想象,这样才能让观众乐于接受。

2.6 练 习

1. 填空题

(1) 动画剧本具有的特性是_____、_____、_____。

(2) 动画剧本中的矛盾冲突分为_____和_____两种类型。

(3) 剧本的结构是创作者对故事的总体布局,包括起承转合四个阶段,这四个阶段可以引申为_____、_____、_____和_____。

(4) 景别一般包括_____、_____、_____、_____和_____。

(5) 动画片分镜头稿的版式各种各样,但总体上可分为_____和_____两种。

2. 选择题

(1) 下列属于形象造型法的是_____。

    A. 分析法   B. 嫁接法   C. 实验法   D. 借鉴法

(2) 场景设计需要绘制_____。

    A. 立面图   B. 平面图   C. 侧面图   D. 色稿

3. 简答题

(1) 形象造型的设定依据有哪些?

(2) 场景设计的作用有哪些?

(3) 简述音乐在动画片中的作用。

(4) 请自选一部动画片写出事件发展中起、承、转、合四个阶段的情节变化。

第3章 建模技术

【学习导入】

在迪士尼影业出品的 3D 动画片《疯狂动物城》和真人动画片《奇幻森林》中,大量虚拟的植物、动物和建筑物,通过或卡通或写实的手法,为我们展现了一个神奇的世界,让人叹为观止。

虚拟现实(Virtual Reality,VR)技术和增强现实(Augmented Reality,AR)技术。VR技术、AR 技术需要通过电脑科学技术,模拟仿真后再叠加,将虚拟的信息应用到真实世界,被人类感官所感知,从而达到超越现实的感官体验。可以广泛应用到影视、教育、娱乐、军事、医疗、建筑、工程等领域。

虽然 VR、AR 包含了多媒体、实时视频显示及控制、多传感器融合、实时跟踪及注册、场景融合等新技术与新手段,但最根本的技术还是三维动画。在三维动画中,一般遵循的基本流程就是"建模、材质、灯光、动画、渲染"。建模是一个动画作品的基础,没有模型,材质、灯光、动画都无从说起。

如何将真实世界里的建筑、人物、植物、动物等,在电脑里表现得更加逼真且富有美感。本章将给出这个问题的答案。

如果把三维动画制作比作建设一座宏伟的建筑,建模技术在其中扮演的角色就是实现这个建筑的框架,即把所有的墙体、窗户、台阶、建筑旁边的花草树木都按照原始比例在 3ds Max 中创建出来,它是三维动画设计的基础性工作。如果要找一种艺术形式和建模进行对应的话,那么这种艺术形式就是雕塑。

【学习目标】

知识目标:熟悉 3ds Max 软件的界面;掌握基本体建模、样条线建模、多边形建模的基本原理;能区分多边形建模和网格建模。

能力目标:熟练操作 3ds Max 软件,能熟练掌握本章介绍的几种建模方法。

素质目标:给出现实世界的简单物体,能选择合适的工具进行建模。

3.1 初识 3ds Max

在本书中,使用 3ds Max 2011 进行功能讲解和实例展示。

3.1.1 用户界面

安装好 3ds Max 2011 后,进入 Windows 系统,双击桌面的 图标,运行 3ds Max,出现如图 3-1 所示的用户界面。

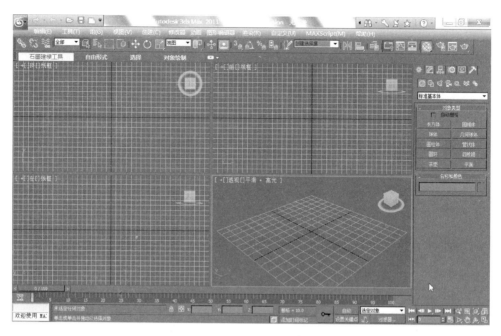

图 3-1　3ds Max 2011 的用户界面

1. 菜单栏和工具栏

1）菜单栏

3ds Max 2011 的菜单栏如图 3-2 所示。

图 3-2　3ds Max 2011 的菜单栏

"文件"菜单：包含对文件的相关操作，例如，打开、保存等。

"编辑"菜单：包含对选择目标物体后进行的编辑操作，例如，撤销、删除等。

"工具"菜单：包含一些最常用的命令，例如，镜像、对齐等，在主工具栏中也有相应的按钮。

"组"菜单：包含将多个物体结合成一个组、解散等命令。

"视图"菜单：包含设置视图工作区，控制视图显示效果等命令。

"创建"菜单：包含创建各种模型、灯光、图形以及粒子系统等命令。

"修改器"菜单：按照类型对修改命令重新分类，是所有修改命令的集合。

"动画"菜单：提供建立骨骼系统以及制作动画有关的命令。

"图形编辑器"菜单：提供了轨迹视图等相关的操作。

"渲染"菜单：包含设置场景环境，改变渲染参数，以及制作特殊效果的命令。

"自定义"菜单：允许用户自定义个性化的界面。

MAX Script 菜单：集合了脚本语言解释器和脚本的辅助功能。

"帮助"菜单：提供软件的帮助文档、用户参考手册，还提供了联机帮助地址和版本信息。

2）工具栏

3ds Max 2011 的主工具栏如图 3-3 所示。

图 3-3　3ds Max 2011 的主工具栏

选择并链接　　　　取消链接选择　　　　绑定到空间扭曲

全部▼ 选择过滤器列表　选择对象　　　　从场景按名称选择

选择区域　　　　　窗口/交叉选择切换　选择并移动

选择并旋转　　　　选择并均匀缩放　　视图▼ 参考坐标系

使用中心弹出按钮　选择并操纵　　　　键盘快捷键覆盖切换

2D、2.5D、3D 捕捉　角度捕捉切换　　　百分比捕捉切换

微调器捕捉切换　　编辑命名选择集　　创建选择集▼ 命名选择集

镜像　　　　　　　对齐弹出按钮　　　层管理器

曲线编辑器　　　　图解视图　　　　　材质编辑器

渲染设置　　　　　渲染帧窗口　　　　渲染

> 在工具栏中，如果图标的右下角有小箭头，则表示该按钮可以展开为几个可选择的按钮，比如"选择区域""选择并均匀缩放"等。

2. 命令面板

"命令面板"采用"选项卡"模式，如图 3-4 所示。

图 3-4　3ds Max 2011 的命令面板

"创建"面板：包含用于创建对象的控件，包括几何体、摄影机、灯光等。

> 小提示："创建"面板的内容最为复杂，下分几何体、图形、灯光等，且选中其中一个，下方的下拉菜单内容也不相同。正是这些种类繁多的物体的存在，才使 3ds Max 创建复杂场景成为可能。

40

"修改"面板：包含用于将修改器应用于对象，以及编辑可编辑对象（如网格、面片）的控件。

"层次"面板：包含用于管理层次、关节和反向运动中链接的控件。

"运动"面板：包含动画控制器和轨迹的控件。

"显示"面板：包含用于隐藏和显示对象的控件，以及其他显示选项。

"工具"面板：包含其他工具程序。

小练习：在创建面板中，选择"几何体"，在透视图中创建立方体、圆锥和茶壶；再选择"图形"，在前视图创建折线和圆。

---

3. 视图控制区

用户界面的右下角是可以控制视图显示和导航的按钮，如图 3-5 所示。

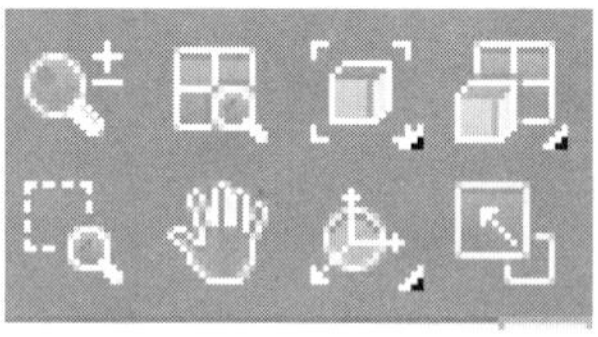

图 3-5　视图控制面板

缩放视图：可以放大或缩小某个视图区。

缩放所有视图：利用这个工具可以同时放大或缩小所有视图。

最大化显示/最大化显示选定对象：将选中的对象在当前视图中最大化显示。

视野按钮（透视）或缩放区域：将选中的对象在所有视图中最大化显示。

平移视图：通过鼠标拖曳来自由浏览对象。

穿行导航：缩放视图中的指定区域。

环绕、选定的环绕和环绕子对象：通过鼠标可以实现 360°全方位浏览对象，在透视图中应用最方便。

将某个视图放大到整个视图区。

4. 轨迹栏

1）轨迹栏

轨迹栏位于屏幕的下方，如图 3-6 所示。

图 3-6　轨迹栏

（1）单击 ▨ 可代替时间滑块和轨迹栏而显示某个版本的"轨迹视图曲线编辑器"。显示曲线时，可以单击左上方的"关闭"按钮，返回到时间滑块和轨迹栏的视图。

（2）轨迹栏提供了显示帧数（或相应的显示单位）的时间线。这为用于移动、复制和删除关键点，以及更改关键点属性的轨迹视图提供了一种便捷的替代方式。选择一个对象，可以在轨迹栏上查看其动画关键点。轨迹栏还可以显示多个选定对象的关键点。

2）动画控制面板

动画控制面板，如图 3-7 所示，通常和轨迹栏配合使用。

图 3-7　动画控制面板

（1）"自动"按钮可以启用或禁用关键帧模式。该按钮处于启用状态时，所有运动、旋转和缩放的更改都设置成关键帧；当处于禁用状态时，这些更改将应用到第 0 帧。

在设置关键点动画模式中，可以使用"设置关键点"按钮和"过滤器…"的组合为选定对象的各个轨迹创建关键点。与 3ds Max 传统设置动画的方法不同，"设置关键点"模式可以控制关键点的内容以及关键点的时间。它可以设置角色的姿势（或变换任何对象），如果满意，可以使用该姿势创建关键点。如果移动到另一个时间点而没有设置关键点，那么该姿势将被放弃。也可以使用对象参数进行设置。

（2）动画控制按钮。

|√| 新关键点的默认内/外切线　　　　　|▶▶| 转至结尾

|◄◄| 转至开头　　　　　　　　　　　|0 ⬦| 当前帧（转到帧）

|◄|| 上一个帧/关键点　　　　　　　　|►◄| 关键点模式

|▶| 播放/停止　　　　　　　　　　　|🕒| 时间配置

|||▶| 下一个帧/关键点

> **小练习**：请设计一个简单的几何体移动动画（例如，在透视图中创建一个球体，打开自动关键帧，拖动到第 100 帧，移动球的位置，关闭自动关键帧），练习上述按钮的使用。

5. 状态区

状态区位于屏幕的最下方，如图 3-8 所示，可以分为三个部分。

图 3-8　状态栏

（1）"MAXScript 侦听器"窗口是 MAXScript 语言的交互翻译器，使用方式类似于 DOS 命令提示窗口。可以在此窗口中输入 MAXScript 命令，按回车键将立即执行。

（2）🔒选择锁定切换：可在启用和禁用选择锁定之间进行切换。如果锁定选择，则不会在复杂场景中意外选择其他内容。

以 X、Y、Z 轴坐标值显示物体在视图中的绝对值或相对值，这个值可以是位置、旋转角度或缩放值，还可以动态形式显示鼠标在视图中的位置。

绝对坐标输入方式🔲：当按下主工具栏中的🕂、⟳、🔲按钮时，x、y、z 栏中显示的是三种操作的绝对值。

相对坐标输入方式🔘：当按下主工具栏中的🕂、⟳、🔲按钮时，x、y、z 栏中显示的是三种操作的相对值。

（3）栅格 = 10.0 栅格设置显示将显示栅格方格的大小。

（4）添加时间标记 时间标签：通过选择标记名称可以轻松跳转到动画中的任何点。该标记可以相对于其他时间标记进行锁定，以便移动一个时间标记时可以更新另一个时间标记的时间位置。时间标记不附加到关键帧上。这是命名动画中出现的事件,并浏览它们最简单的方式。如果移动关键帧,就需要相应更新时间标记。

> **小练习**:在透视图中建立一个几何体,进行移动和缩放操作,观察状态栏参数的变化。

3.1.2 视图显示

1. 自定义视图

3ds Max 的用户视图默认布局如图 3-9 所示,分别是"顶视图""前视图""左视图"和"透视图"。3ds Max 的用户视图可以根据操作需要重新进行设置。

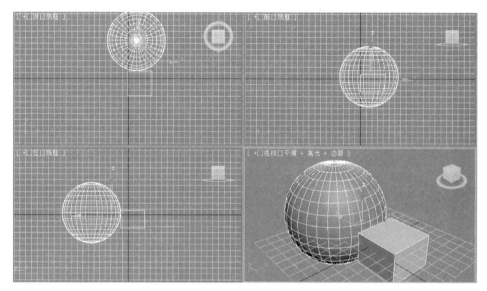

图 3-9 3ds Max 默认视图布局

 自定义用户视图

(1) 选择菜单"自定义"|"视图配置"命令,单击"布局"选项卡,出现如图 3-10(a)所示的设置面板。

(2) 单击视图设置中的 ▨ 图标,视图布局变成如图 3-10(b)所示的样式,视图自定义完成。

> 3ds Max 提供了 14 种视图配置方案,用户可以根据自己的喜好及实际操作需要来配置视图。

2. 视图显示模式

对视图中的物体进行操作时,通常要对物体进行不同模式的显示。激活某一视图(在视图名称上右击),会弹出如图 3-11 所示的菜单。图 3-11(a)中包含顶视图、底视图、左视图、右视图、前视图、后视图、正交视图、透视视图,选中哪一个,当前视口即变为什么样的视图。

图 3-11(b)所示的菜单可设置视图中物体的显示方式,包括:

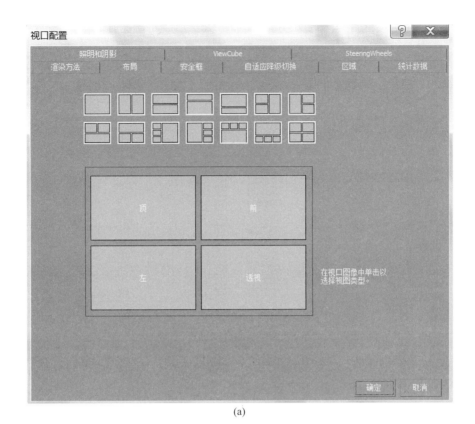

(a)

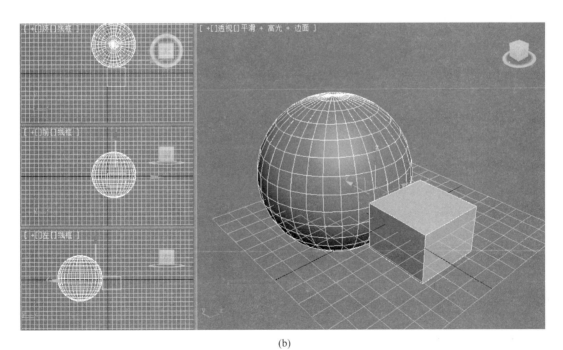

(b)

图 3-10　视图设置窗口

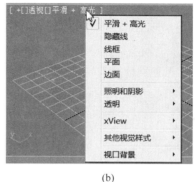

(a)   (b)

图 3-11　3ds Max 视图控制菜单

- "平滑＋高光"显示：默认显示模式。
- "面＋高光"显示：以面状显示物体，并且表面有高光。
- "亮线框"显示：以线框显示物体，材质颜色保留在线框上。
- "线框"显示：单一线框显示物体。
- "边界框"显示：显示效果是将物体以方框盒来代表，这有利于提高屏幕显示速度，一般少用。

3.1.3　常用设置

1. 系统单位设置

3ds Max 用它自己内部的系统单位进行创建和测量。不管用户实际使用的是什么单位，程序都将用默认的系统单位来保存和计算。这就意味着可以合并用任何标准单位创建的模型而不改变它的真实比例。3ds Max 的默认系统单位是1.000in(英寸)。1in＝2.54cm,1ft＝12in。

系统单位设置的基本方法为：首先选择菜单"自定义"|"单位设置"命令，然后再对弹出的如图 3-12 所示的对话框进行设置。

对话框中的参数解释如下：

- "公制"包括 4 种国际公制单位可选择，包括"毫米""厘米""米""公里"。
- "美国标准"下分为"英尺/分数英寸""小数英寸""分数英尺""小数英尺"等。

图 3-12　3ds Max"单位设置"对话框

该窗口中的参数除特别需要，不必改动，保留默认设置即可。

2. 数字视频选项设置

在 3ds Max 中，完成建模、贴图等操作后，要将设计的作品输出时，尤其是输出为视频时，必须对视频选项进行设置。

 设置帧速率、时间码和动画长度

（1）单击动画控制区的 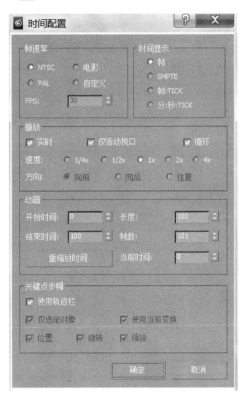 按钮，弹出如图 3-13 所示的对话框。

图 3-13　3ds Max"时间配置"对话框

（2）"帧速率"选择 PAL，"时间显示"选中"帧"或"分：秒：TIck"。

注意： "动画"选项的"长度"根据实际需要设置，25 帧为 1s。

 图像、视频等设置

（1）在设计的场景文件处于打开状态时，单击主工具栏中的 按钮，弹出如图 3-14(a) 所示的对话框。

（2）在"公用"选项卡下，"输出大小"选择 720×486。

（3）"选项"选项组中，选中"大气"和"效果"两个选项。

（4）"渲染输出"（如图 3-14（b）所示）选项组中，单击"文件"按钮，选择输出的文件格式和保存路径。

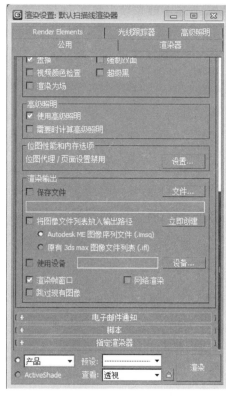

(a)　　　　　　　　　　　　　　　　(b)

图 3-14　3ds Max"渲染设置"对话框

3.2　建模基本思路

让我们通过一个简单的案例，进行"热身运动"。先来了解基本的建模思路，然后通过几种常用工具制作简单模型。

3.2.1　3ds Max 中建模的思路

3ds Max 中建模的思路分为以下几个阶段：

（1）模型最初阶段，可以把物体看成一个简单的基本物体或扩展物组合拼接。例如，长方体、圆柱体、球体、圆锥体、楔体、圆环体甚至是螺旋体、棱锥体等。

（2）通过点、线、面的关系来对模型进行调整。

（3）通过参数和修改器的编辑，细化结构。例如，基本体的长、宽、高等属性，修改器列表中的扭曲、切片、平滑等命令。

3.2.2　3ds Max 的建模方式

3ds Max 包含了如下几种建模方式：

（1）参数化的基本物体和扩展物体，即"几何体"下的"标准基本体"和"扩展基本体"。

（2）参数化的门、窗，即"几何体"下的"门"和"窗"。

（3）运用"挤出""车削""放样"和"布尔运算"等修改器或工具创建物体。

（4）基本网格面物体节点拉伸法创建物体，即编辑节点法。

（5）面片建模方式，通过编辑网格或可编辑多边形的方式。

（6）运用表面工具，即 Surface Tools 的 CrossSection 和 Surface 修改器的建模方式。

（7）NURBS 建模方式。

其中（1）～（4）为基础建模方式，（5）和（6）为中级建模方式，（7）为高级建模方式。

3.2.3 实例——桌子的制作

 桌子建模

1. 基本思路

通过以下四张图片（见图 3-15～图 3-18），可以看到桌子的透视图、正视图、侧视图、顶视图。

图 3-15　透视图

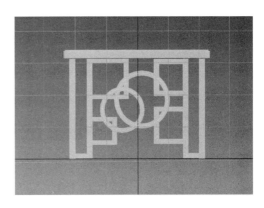

图 3-16　正视图

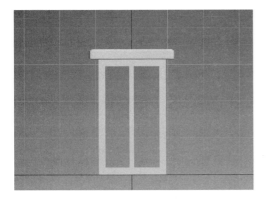

图 3-17　侧视图

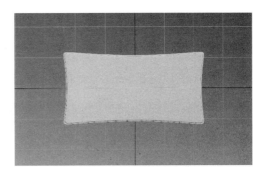

图 3-18　顶视图

通过观察,可以把桌子分为三个独立的部分桌面、桌腿、桌腿装饰。可以对每一个部分分别进行制作,从一个 3ds Max 基本体开始,通过工具把它逐渐编辑为我们想要的形状或结构。

> **注**:此案例的主要目的是为了让大家快速了解建模的基本思路,能够通过案例制作熟悉软件的使用和基本操作。因此对一些工具只介绍操作方法,将这些工具的详细解释放到之后的章节中。

2. 桌面的制作

(1) 打开 3ds Max,激活顶视图,单击"创建"|"几何体"|"长方体"按钮,在场景中创建一个长方体,如图 3-19 所示。

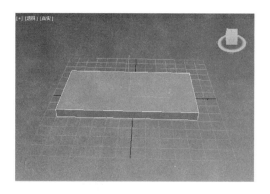

图 3-19　创建长方体

(2) 在"参数"卷展栏中修改"长度"为 600mm,"宽度"为 1200mm,"高度"为 60mm,"长度分段"为 4,"宽度分段"为 6,"高度分段"为 1,如图 3-20 所示。

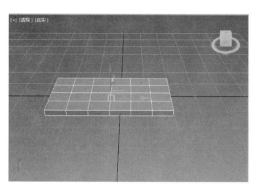

图 3-20　设置长方体的参数

(3) 右击,在弹出的菜单中选择"转换为"|"转换为可编辑多边形"命令,如图 3-21 所示。

(4) 激活顶视图,单击 ✎ 进入修改命令面板,在"选择"卷展栏中单击 按钮。

(5) 进入顶视图,单击 ✛ 按钮,分别移动这些顶点,最终效果如图 3-22 所示。

(6) 在"选择"卷展栏中单击 □ 按钮,选中"忽略背面"选项,选择上表面,如图 3-23 所示。

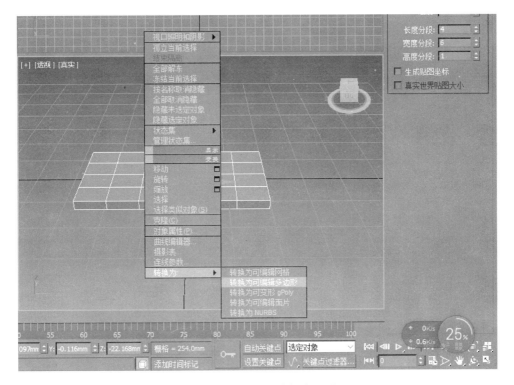

图 3-21 转化为可编辑多边形

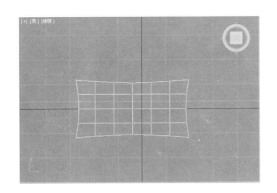

图 3-22 调整点的位置

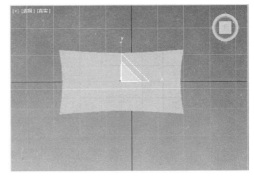

图 3-23 选择模型的上表面

（7）通过右键快捷菜单进入"编辑多边形"卷展栏，单击"插入"按钮（见图 3-24），在物体表面拖曳鼠标，或者在对话框中将"插入数量"的值设置为 10mm，单击确认按钮 ✅。在多边形的顶部插入一个面，最终效果如图 3-25 所示。

（8）选择新插入的面，通过右键快捷菜单进入"编辑多边形"卷展栏，单击"挤出"按钮，在对话框中将"挤出高度"的值设置为 1mm，单击确认按钮 ✅。在多边形的顶部挤出一个高度，最终效果如图 3-26 所示。

（9）在"选择"卷展栏中单击 ✅ 按钮（如图 3-27 所示），选择桌子四个角的边，如图 3-28 所示。

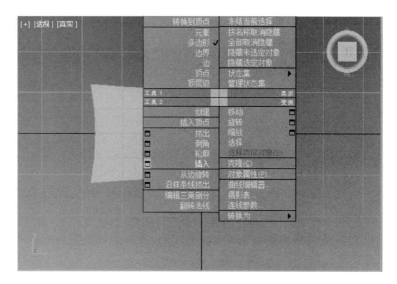

图 3-24　通过右键菜单进入"编辑多边形"卷展栏

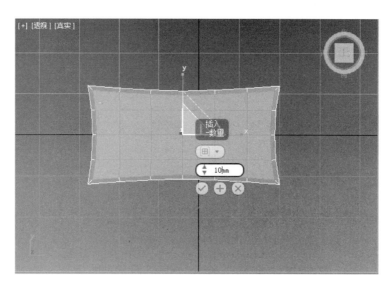

图 3-25　使用插入工具

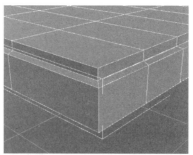

图 3-26　挤出之后的效果

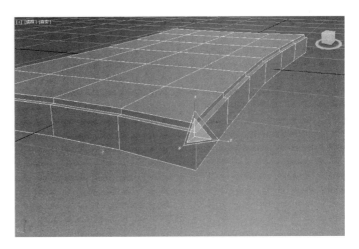

图 3-27　在选择卷展栏中单击　　　　　图 3-28　选择桌子四个角切线
　　　　　"线"层级按钮

（10）通过右键快捷菜单选择"切角"工具，"切角量"为 3mm，"分段数"为 1，最终效果如图 3-29 所示。

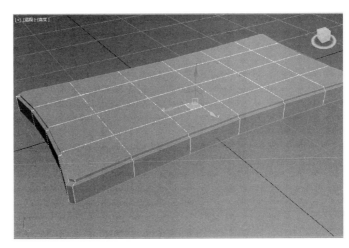

图 3-29　对桌子四个角进行切角

（11）选择桌面四周的边，通过右键快捷菜单选择"切角"工具前面的 ▣（见图 3-30），再将"切角量"数值改为 1.5mm（见图 3-31）。

（12）选择桌面的模型，为其加载一个"网格平滑"修改器，如图 3-32 所示。

（13）在"细分量"卷展栏下设置"迭代次数"为 2，模型效果如图 3-33 所示。

（14）最终效果如图 3-34 所示，按 Ctrl＋S 组合键进行保存。

3．桌腿的制作

（1）使用"长方形"工具在场景中创建一个长方形模型，设置"长度"为 500mm，"宽度"为 50mm，"高度"为 800mm，并通过移动工具调整位置到桌面下方，如图 3-35 所示。

（2）选择长方形，通过右键快捷菜单将之转为可编辑多边形，如图 3-36 所示。

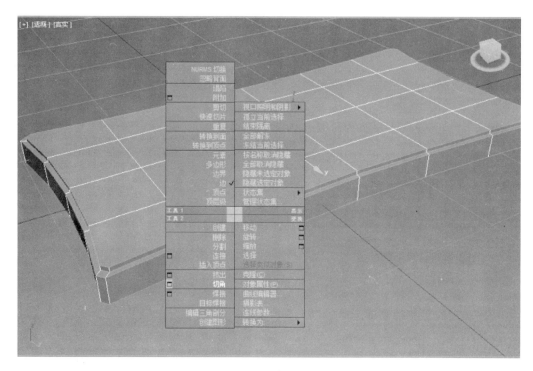

图 3-30　选择桌子的四边

图 3-31　输入"切角量"数值　　　图 3-32　加载"网格平滑"修改器　　　图 3-33　调整"迭代次数"

图 3-34　桌面的最终效果

图 3-35　创建模型

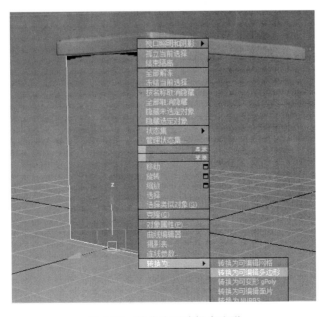

图 3-36　转化为可编辑多边形

（3）在面的层级"面"■的层级下选择侧面的两个面，如图 3-37 所示。

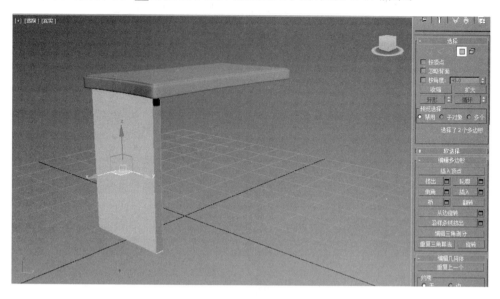

图 3-37　选择面

（4）单击"插入"前边的"插入设置"按钮■■（如图 3-38 所示），将"插入"数量设置为 50mm，如图 3-39 所示。

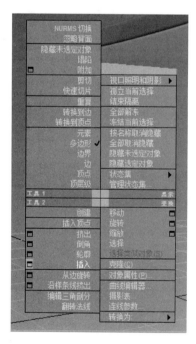

图 3-38　单击"插入"设置按钮

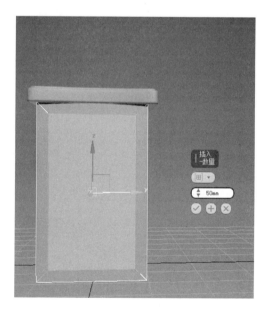

图 3-39　设置"插入"数量

（5）将新插入的面删除，然后选择"边"◢的层级下选择空洞的两条边，如图 3-40 所示。

（6）选择工具栏下面的"桥"，如图 3-41 所示，将两条已选择的边桥接起来，如图 3-42 所示。

图 3-40　选择相对应的边　　　　　　　　图 3-41　单击"桥"工具

（7）选择其他边，用同样的方法将其他边连接上，效果如图 3-43 所示。

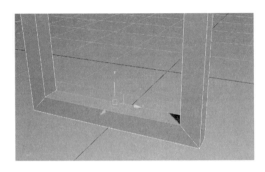

图 3-42　完成两条边的桥接　　　　　　　　图 3-43　完成桥接

（8）选择桌腿，按键盘上的 W 键进入移动工具，按键盘上 Shift 键不松手，再按鼠标左键移动物体一段距离后松开左键，将桌腿复制一个出来，效果如图 3-44 所示。

4．桌腿装饰的制作

目前桌子的形状已经完成了，不过比较普通，也不够结实，接下来让桌子变得结实些，也更加美观些。

（1）在创建窗口下选择"样条线"创建模式，如图 3-45 所示。

图 3-44　复制桌腿　　　　　　　　图 3-45　选择"样条线"创建模式

（2）在前视图的模式下进行样条线的创建：

① 进入创建样条线工具后，单击开始创建。

② 单击一次左键就会生成一个样条线的点，按着键盘的 Shift 键可将样条线变成直线。按回车键完成创建。

③ 依次创建如图 3-46 所示的 6 条样条线。

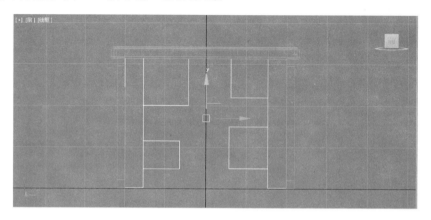

图 3-46　可多次创建方形样条线排成如图形状

在绘制样条线时，单击一次左键就会生成一个样条线上的点。当点到已有的点时，就会提示生成封闭曲线；如果是生成单纯的折线，画到最后一个点时，右击或按回车键完成创建。

（3）在创建工具栏创建圆形样条线，如图 3-47 所示。

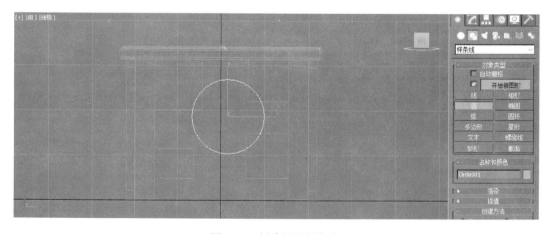

图 3-47　创建圆形样条线

（4）重复上一步再创建一个稍小的圆形样条线，如图 3-48 所示。

（5）选择样条线，在修改窗口的渲染层级下，选中"在渲染中启用"和"在视口中启用"复选框，如图 3-49 所示。对所有的样条线都重复此步骤，效果如图 3-50 所示。

（6）最终完成效果如图 3-51 所示。

图 3-48　创建圆形样条线　　　　　　　图 3-49　选中"在渲染中启用"
　　　　　　　　　　　　　　　　　　　　　和"在视口中启用"

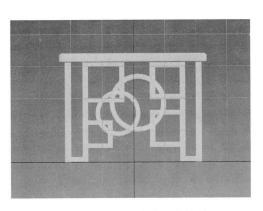

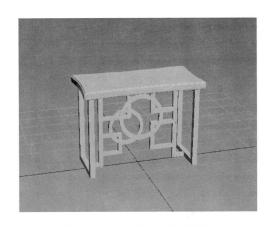

图 3-50　在视口中启用的效果　　　　　图 3-51　桌子的最终完成效果

3.3　样条线建模

与 Photoshop 等软件不同,在 3ds Max 中实现立体文字要相对复杂,需要较多的步骤。也因为多了这些步骤,3ds Max 中实现的立体字效果才多种多样、魅力十足。常见的立体字制作方法有三种:挤出、倒角、倒角剖面。

3.3.1　制作立体字

1. 创建文字

用"挤出"功能来制作立体字是最简单的办法,是给二维平面的文字生成厚度,从而生成立体效果。下面通过实例来展示制作过程。

　利用"挤出"功能制作立体字

在此实例中要制作一个厚度为 10 的立体字,步骤如下:

第3章　建模技术 ◀◀◀

1) 创建自定义文字

(1) 在创建面板中,选择 ⊕ 选项卡,再单击"文本",如图 3-52 所示。

(2) 在"文本"的参数卷展栏中下输入 3DS MAX 2011,如图 3-53 所示。

图 3-52   3ds Max 创建平面体面板   图 3-53   参数设置面板

> 创建文字时,还可根据需要选择相应的字体、颜色、大小、字间距等参数。

(3) 在文字创建处单击,就创建了文字,如图 3-54 所示。

> 此时的文字还不是立体字,如果单击 ⊙ 进行渲染的话,还没法显示。

2) 使用"挤出"修改器

(1) 使文字处于选中状态,转到修改面板,在修改器下拉列表中选择"挤出",如图 3-55 所示。

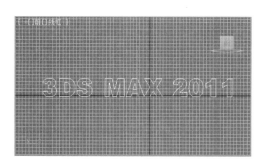

图 3-54   在前视图创建文字   图 3-55   修改器下拉列表

在应用变形修改器时,必须使物体处于选中状态。

（2）出现"挤出"的"参数"修改面板,把"数量"改为10,设置如图3-56所示。
立体字的效果就实现了,如图3-57所示。

图3-56　"挤出"参数设置

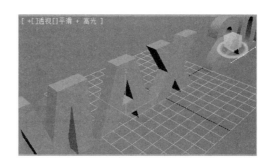

图3-57　"挤出"立体字效果

2.　"倒角"制作立体字

"倒角"制作立体字的第一步与上述用"挤出"制作立体字相同,只是在修改器下拉列表中选择"倒角"。"倒角"修改器制作的立体文字,其笔画的边沿不再是单纯的直角,而是可以设置一定的倾斜角度。

利用"倒角"功能制作立体字

在该实例中要创建一个立体文字的笔画带倒角的效果,步骤如下:

（1）在前视图创建文字"3DS MAX 2015"。

（2）使文字处于选中状态,在修改器下拉列表中选择"倒角";出现"倒角值"修改面板,参数设置如图3-58所示;设置完毕后其"倒角"效果如图3-59所示。

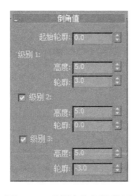

图3-58　"倒角"参数设置

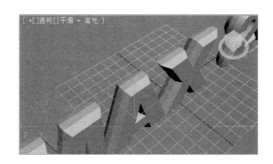

图3-59　"倒角"立体字效果

　　"倒角"实现的立体字,与"挤出"不同,立体字的笔画,不再是单纯的直角,而是实现了一定的倾斜角度。倾斜的大小和角度由"级别1"和"级别3"的"高度"和"轮廓"两个参数控制,一般这个"轮廓"的数值正负相反。

3."倒角剖面"制作立体字

"倒角剖面"实现了更为强大的立体字实现效果,可以把绘制的二维图形和线条作为立体文字笔画的剖面。

 利用"倒角剖面"功能制作立体字

在该实例中,要实现用二维图形作为立体文字笔画剖面的效果,步骤如下:

(1) 在前视图创建文字"3DS MAX 2011"。

(2) 在顶视图中绘制折线、直线段、圆形和矩形,如图 3-60 所示。

> 可以绘制不同的剖面曲线,可以是封闭曲线(如圆形、矩形、多边形等),也可以是开放曲线(如直线、折线、弧线等)。

(3) 使用"倒角剖面"修改器:使文字处于选中状态,在修改器下拉列表中选择"倒角剖面",出现如图 3-61 所示的"参数"修改面板。

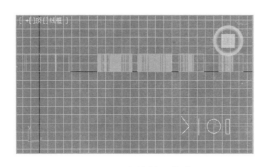

图 3-60　绘制剖面曲线　　　　　　　　图 3-61　"倒角剖面"参数设置

(4) 单击"拾取剖面"按钮,使按钮处于凹下去的状态。

(5) 在顶视图单击直线段,即把直线作为剖面,立体字效果如图 3-62 所示。

(6) 在顶视图单击折线,即把折线作为剖面,立体字效果如图 3-63 所示。

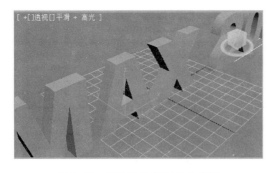

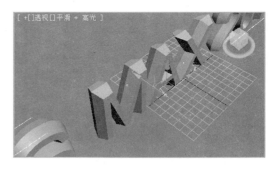

图 3-62　直线作为剖面的立体字　　　　　图 3-63　折线作为剖面的立体字

（7）在顶视图单击矩形，即把矩形作为剖面，立体字效果如图 3-64 所示。

如果选择矩形后，立体字效果出现异常，则在修改器下拉列表中，找到"倒角剖面"的子层级，选中"剖面 Gizmo"选项，如图 3-65 所示，用"选择并缩放"工具进行调整，直到出现规则立体字为止。

图 3-64　矩形作为剖面的立体字　　　　　图 3-65　剖面 Gizmo

剖面的形状决定了形成的立体字的效果，折线、直线等开放曲线形成的立体字是实心的，而封闭曲线形成的立体字一般为空心的。

3.3.2　勾线和轮廓倒角

1. 样条线

样条就是线段，是由一段一段的小曲线或者线段拼接而成的。这种拼接不是毫无规律的，而是在连接点处遵循了一定的连续性的连接。样条是构成复杂物体模型的基础，当然也是建模的基石。

3ds Max 中的二维图形，如线条、圆、矩形、多边形，都可以转变为可编辑样条线。在各种 3D 动画作品中，如立体 Logo、立体的文字、立体的图案等，都采用编辑样条线来完成。

2. 样条线建模实例

创建"互动科技"的立体 Logo

下面这个实例展示如何使用"编辑样条线"修改器中的各种功能，以及通过调节点、线段来改变样条线的形状。

1）把原始的 Logo 图片置于 3ds Max 中作为参照

（1）打开 3ds Max 软件，在前视图创建一个"平面"，如图 3-66 所示。

（2）转到"参数"修改面板，修改其参数，如图 3-67 所示。

要根据"互动科技"的 Logo 图片来绘制，该图片的大小即为 $1353 \times 1207 px$，为了不使图片变形，因此平面的大小要与图片相同。

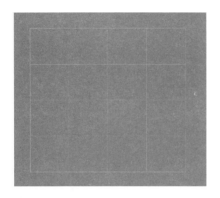

图 3-66　绘制平面体

图 3-67　平面体参数设置

(3) 选择平面体,单击主工具栏上的  按钮,出现材质与贴图面板,如图 3-68 所示。

(4) 单击"漫反射"后的灰色按钮,弹出如图 3-69 所示的"材质/贴图浏览器"。

图 3-68　贴图面板

图 3-69　"材质/贴图浏览器"

(5) 选择"位图",弹出如图 3-70 所示的对话框,通过浏览选中"互动科技"的 Logo 图片;单击打开后,样本窗里的样本如图 3-70 所示。

(6) 选择模型,选择材质球,再单击 即可把材质球赋予给平面,如图 3-71 所示。

注意:单击 (把材质赋予物体),就把图片贴到平面上了,若看不到实际效果,单击 (在视图中显示标准材质)即可。关于贴图的更多内容将在第 4 章重点讲述。

2) 绘制中间红色部分的样条线

(1) 绘制一个圆形,使其与 logo 的外圈重合,如图 3-72 所示。

(2) 复制一个圆形,使其与 logo 的内部紫色圆形重合,如图 3-73 所示。

(3) 可以通过位移工具,缩放工具对圆形的样条线进行调整。

图 3-70　选择贴图

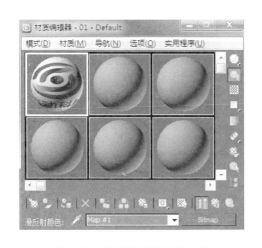

图 3-71　设置贴图后的样本球

图 3-72　绘制外圈的圆形

3）绘制内部镂空的样条线

（1）在"图形"创建面板中，选择"线"，在前视图中进行绘制，如图 3-74 所示。

在绘制折线时，单击一次左键就会生成一个样条线上的点。当单击到已有的点时，就会提示生成封闭曲线；如果是生成单纯的折线，画到最后一个点时，右击即可停止。

 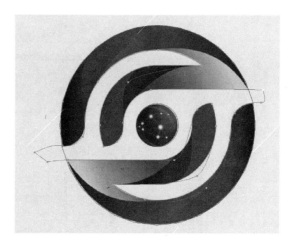

图 3-73　绘制内部紫色小圈的样条线　　　　　　图 3-74　绘制样条线

（2）绘制完毕后，使绘制的样条线处于选中状态，转到修改面板，在次物体级别中选择"顶点"选项。

（3）依次选择样条线中的点，调整其位置，使样条线与图形边界重合，如图 3-75 所示。

（4）选择"圆角"按钮，对处于直角顶点的点进行修改，产生圆角的效果，如图 3-76 所示。

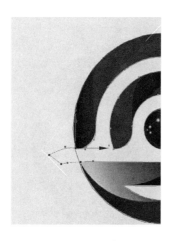 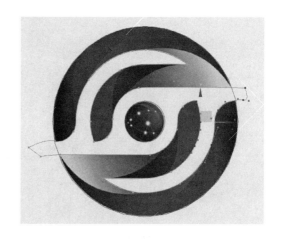

图 3-75　在"点"级别调整样条线　　　　　　图 3-76　运用点的"倒角"功能调整

　　使用"圆角"按钮，可以对处于折线的顶点进行操作，通过鼠标拖曳贝塞尔手柄可以产生圆角效果。

　　下面的工作是对外圈的圆和内部的图形进行操作。要先用"附加"功能进行合并，再用"布尔"功能进行减去操作。

（5）选中绘制的圆形，在"修改器列表"下的栈中选择"样条线"，如图3-77所示。

（6）在样条线的修改面板里，单击"附加"按钮，在视图中单击绘制的中间部分，使两个图形合二为一。

（7）如图3-78所示为布尔运算的设置面板，依次单击"差集"和"布尔"按钮，再单击外圈的圆和"布尔"按钮，使其处于被按下的状态，然后单击内圈的样条线，即可得到如图3-79所示的图形。

图 3-77　在栈中选择"样条线"

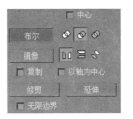

图 3-78　样条线的布尔运算

　　但要从 A 物体中减去 B 物体时，应该先单击一下"布尔"按钮，再单击 A 物体，再单击"布尔"按钮，这时按钮会凹下去，再单击 B 物体才算完成。

4）制作下方文字

（1）在前视图中创建一个矩形，大小与 Logo 下方的红色文字框吻合。

（2）在创建面板中，选择"图形"选项，单击"文本"按钮，出现如图3-80所示的界面。输入"互动科技"字，选择字体为"方正兰亭纤黑简体"。

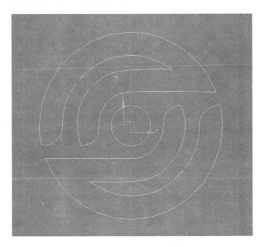

图 3-79　进行布尔运算后的样条线

图 3-80　创建文字设置

　　如果在字体下拉列表中没有"方正兰亭纤黑简体"，可以从网上下载，也可购买专门的字库光盘。安装时，只需要把字体文件复制到 C:\WINDOWS\Fonts 下即可。

（3）完成（2）的设置后，在前视图单击即可创建字体，如图3-81所示。

第3章　建模技术

互动科技

图 3-81　缩放文字

如果字体的长宽比例与 Logo 图片上的字体不同，可通过"选择并缩放"工具，对文字进行变形。

（4）字体的大小和位置可以通过缩放工具和移动工具调整。

（5）字间距可以利用"编辑样条线"修改器，在点层级下，选择相对应的点，进行单个字体的移动，调整字间距。最后形成如图 3-82 所示的效果。

互动科技
nteractive technology

图 3-82　所有样条线绘制完毕

（6）英文也是通过以上的方法制作。

5）隐藏平面体

选择最初绘制的平面体，右击，出现如图 3-83 所示的快捷菜单，选择"隐藏选定对象"命令，背景图就消失了，效果如图 3-84 所示。

图 3-83　快捷菜单　　　　图 3-84　隐藏平面体后的样条线

6）样条线倒角

选择所有的样条线，在修改器下拉列表中选择"倒角"，参数设置如图 3-85 所示；最后生成的立体效果如图 3-86 所示。

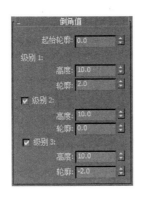

图 3-85　"倒角"参数设置

图 3-86　立体效果图

3.3.3　放样建模

　　"放样"是将一个二维形体对象作为沿某个路径的剖面,而形成复杂的三维对象。同一路径的不同分段可以有不同的形状。可以利用放样来实现很多复杂模型的构建。

　　放样造型原理如下:

　　在 3ds Max 中,放样是一种把二维的图形转换为三维的图形建模方法,类似于它的方法有"挤出""车削""倒角"等。放样法建模是"截面图形"在一段"路径"上形成的轨迹,截面图形和路径的相对方向取决于两者的法线方向。路径可以是封闭的,也可以是敞开的,但只能有一个起始点和终点,即路径不能是两段以上的曲线。所有的"图形"物体皆可用来放样,当某一截面图形生成时其法线方向也随之确定,即在物体生成窗口垂直向外,放样时图形沿着法线方向从路径的起点向终点放样。对于封闭路径,法线向外时从起点逆时针放样,在选取图形的同时按住 Ctrl 键则图形反转法线放样。用法线方法判断放样的方向不仅复杂,而且容易出错。一个比较简单的方法就是在相应的窗口生成图形和路径,这样就可以不考虑法线的因素。

　　在制作放样物体前,首先要创建放样物体的二维路径与截面图形。下面通过一个简单的放样实例展示放样的建模过程。

 放样的操作过程

　　(1) 在"创建"命令面板中选择 项目栏,在该项目的面板中单击"星形"按钮,并且在前视图中创建星形截面。可以通过参数修改让它旋转、扭曲,如图 3-87 所示。最终效果如图 3-88 所示。

　　(2) 单击"线"按钮在顶视图中创建一条曲线,如图 3-89 所示。

图 3-87　调整星形的参数

67

　　在该实例中,曲线作为放样路径,星形作为放样截面。

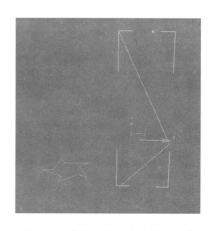

图 3-88　星形的最终效果　　　　　　　图 3-89　绘制星形和弯曲的样条线

（3）选中视图中的曲线。

（4）在"创建"命令面板的 ⚙ 界面下，展开下拉列表，如图 3-90（a）所示，选择"复合对象"选项。

（5）在面板中单击"放样"按钮，这时命令面板上出现放样参数卷展栏，如图 3-90（b）所示。

(a)　　　　　　　　　　(b)

图 3-90　放样的参数面板

> 　"放样"可以通过"获取路径"和"获取图形"两种方法创建三维实体造型。可以选择物体的截面图形后获取路径放样物体，也可通过选择路径后获取图形的方法放样物体。

（6）单击"获取图形"按钮，将鼠标指针移至视窗中点取星形截面。完成放样操作，获得三维造型如图 3-91 所示。

图 3-91　放样后效果

3.3.4　放样建模实例

在制作如台布、床罩、石柱等模型时，可以利用一条放样路径，增加多个不同的截面，这样可以减少模型制作的复杂程度，节省时间。下面将练习制作一个石柱案例，用两条手绘的曲线创建放样造型。

　放样制作石柱

（1）在顶视图中创建台布的上截面和下截面：

① 在"创建"命令面板的 项目栏中，单击"圆"按钮，建立一个圆形作为台布的上截面。

② 在"创建"命令面板的 项目栏中，单击"星形"按钮，建立一个"点"为 9 的星形，并在修改集中将这一造型的顶点进行光滑处理，最终将它作为石柱的中间截面，如图 3-92 所示。

（2）在前视图中绘制放样所需的直线路径。

（3）选择直线路径，单击"放样"按钮，在"创建方法"卷展栏中单击"获取图形"按钮获取顶面截面。

（4）将"路径参数"卷展栏中的"路径"的参数设定为 0，获取圆形；将"路径参数"卷展栏中的"路径"的参

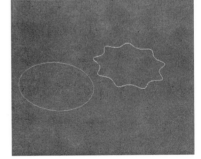

图 3-92　绘制 9 点的星形

数设定为 15，获取圆形；将"路径参数"卷展栏中的"路径"的参数设定为 80，获取圆形；将"路径参数"卷展栏中的"路径"的参数设定为 100，获取圆形。

（5）将"路径参数"卷展栏中的"路径"的参数设定为 20，将鼠标指针移至视窗中再次获取星形图形。

将"路径参数"卷展栏中的"路径"的参数设定为 75，将鼠标指针移至视窗中再次获取星形图形，如图 3-93 所示。

通过两次获取截面,放样得到的石柱的造型如图 3-94 所示。

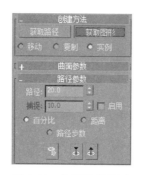

图 3-93　放样路径设置

图 3-94　放样后效果

可以通过在 Path 选项中输入不同的数值,在路径的不同位置多次获取不同的截面图形,完成复杂物体的放样工作。Path 中的数值是一个百分比数值,0 是路径起点位置,100是路径结束位置,50 则是路径 50% 的位置。

不同形状的路径与形态各异的截面进行组合,能创造出多种多样的模型。

3.3.5　放样变形修饰器

"变形"修饰器是专门对放样物体进行修饰的修改器,当选择一个放样物体后,在它的"修改"命令面板中可以找到"变形"卷展栏,如图 3-95 所示,包括"缩放""扭曲""倾斜""倒角""拟合"5 种修饰器。

1. 利用"缩放"进行放样

"缩放"修饰器主要是对放样路径上的截面大小进行缩放,以获得同一造型的截面在路径的不同位置大小不同的特殊效果。可利用这一修饰创建花瓶、柱子等类似模型。单击"缩放"按钮,弹出"缩放变形"对话框,其可调节的参数如下:

🔒 均衡　　　　　🔢 缩放关键点

◻ 显示 X 轴　　　✦ 插入关键点

◻ 显示 Y 轴　　　🖐 删除关键点

◻ 显示 XY 轴　　 ✕ 复位变形曲线

✛ 移动关键点

图 3-95　"变形"卷展栏

 实例 "缩放"制作花瓶

(1) 在创建面板中,选择创建样条线工具 🔲,分别单击"线""星形"的图标按钮,建立一条直线作为花瓶路径,一个星形作为花瓶截面图形。

（2）使直线处于选中状态。

（3）在创建面板的下拉菜单中,选择"复合物体",单击"放样"按钮。

（4）在"放样"的参数卷展栏中单击"获取图形"按钮。

（5）将鼠标指针移至视图中,获取刚才创建的圆作为截面图形,可以看到所放样出的物体造型是一个柱体,如图3-96所示。

（6）在"修改"命令面板的"变形"卷展栏中,单击"缩放"按钮,弹出"缩放变形"对话框。

（7）将对话框中的变形曲线加入关键点,调整为花瓶的外轮廓造型,如图3-97所示。

图3-96　放样获得的圆柱体

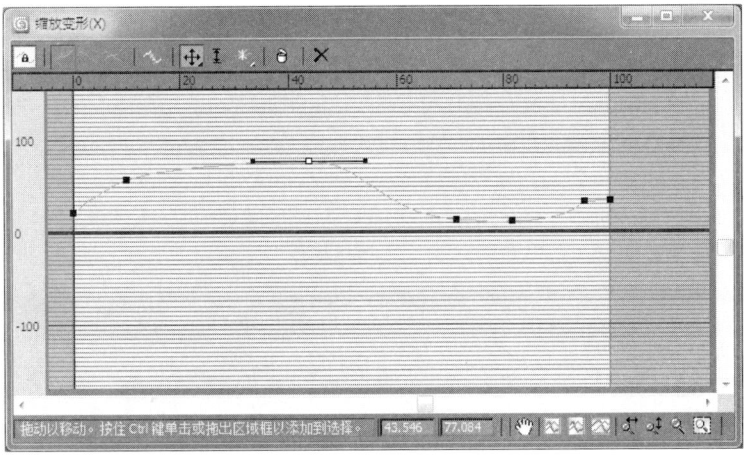

图3-97　"缩放变形"对话框

> **注意**：单击 按钮后再单击变形曲线,可在曲线上插入关键点,选择 ✛ 可对关键点进行调整,使用对话框中的图标工具可对变形曲线任意进行调整,直至修饰造型到满意为止。对变形曲线进行调整时视图中的被修饰物体也会发生相应的改变。

（8）关闭对话框,在透视图中观看修饰过的花瓶的最终造型,如图3-98所示。

2. 利用"扭曲"进行放样

"扭曲"修饰器主要是使放样物体的截面沿路径的所在轴旋转,以形成最终的扭曲造型。对放样物体进行"扭曲"修饰可以创建出钻头、螺丝等扭曲的造型。

实例　"扭曲"制作花瓶

下面将利用上小节放样出的原始造型,对它进行"倾斜"修饰,创建出一个花瓶造型。具体步骤如下：

（1）选择放样物体（同上小节"缩放"制作花瓶的前5步,生成圆柱体）。

（2）在"修改"命令面板的"变形"卷展栏中,单击"扭曲"

图3-98　放样所得花瓶模型

按钮,并参照图 3-99 来调整"扭曲变形"对话框中的变形曲线。

> **注意**:设置过程中可以在视图中看到放样物体的造型变化。

(3)最终形成的造型如图 3-100 所示,是一个类似于扭曲花瓶的造型。

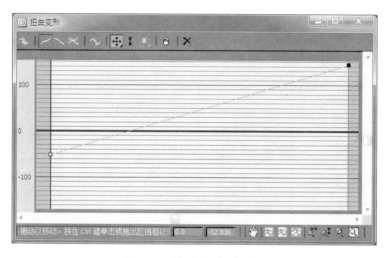

图 3-99　"扭曲变形"对话框　　　　　　图 3-100　"扭曲变形"所得
花瓶模型

3. 利用"倾斜"进行放样

"倾斜"变形是通过改变截面在 X、Y 轴上的比例,使放样对象发生倾斜变形。

"倾斜"制作被压扁的铁管

在此实例中,要对放样生成的圆柱体进行"倾斜"操作,产生圆柱体被压扁的效果。具体操作步骤如下:

(1)选择原始的放样物体(同"缩放"制作花瓶的前 5 步,生成圆柱体)。

(2)在"修改"命令面板的"变形"卷展栏中,单击"倾斜"按钮,在弹出的对话框中对变形曲线进行加点调整,如图 3-101 所示。

(3)关闭对话框,这时原始的放样物体已被局部压扁,如图 3-102 所示。

4. 利用"倒角"进行放样

通过在路径上缩放截面图形,产生中心对称的倒角变形。

"倒角"的使用

在此实例中,通过对放样生成的圆柱体进行"倒角"操作,生成一个类似于纺锤的效果。具体操作步骤如下:

(1)选择原始的放样物体(同"缩放"制作花瓶的前 5 步,生成圆柱体)。

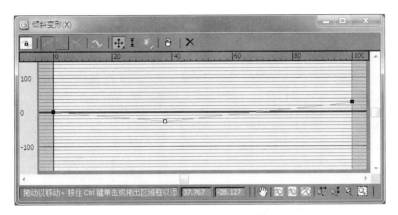

图 3-101 "倾斜变形"对话框

图 3-102 "倾斜变形"
所得物体

　　(2) 在"修改"命令面板的"变形"卷展栏中,单击"倒角"按钮,在弹出的"倒角变形"对话框中参照如图 3-103 所示的曲线来调整变形曲线。

　　(3) 调整后倒角效果如图 3-104 所示。

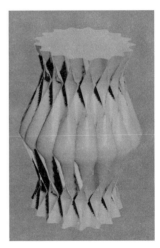

图 3-103 "倒角变形"对话框

图 3-104 "倒角变形"
所得物体

3.4 修 改 建 模

3.4.1 编辑修改器

1. 编辑修改器的概念

　　编辑修改器是用来修改场景中几何体的工具。3ds Max 自带了许多编辑修改器,每个编辑修改器都有自己的参数集合和功能。一个编辑修改器可以应用给场景中的一个和多个对象，同一对象也可以被应用多个修改器。后一个编辑修改器接受前一个编辑修改器传递过来的参数。编辑修改器的次序对最后的结果影响很大。

2. 编辑修改器堆栈显示区域

编辑修改器堆栈显示区域其实是一个列表，包含基本对象和作用于基本对象的编辑修改器。通过这个区域可以方便地访问基本对象和它的编辑修改器。如图 3-105 所示的排球是由一个"立方体"通过施加如图 3-106 所示的不同修改器做成的，即对立方体依次使用"编辑网格""网格选择""球形化""面挤出""网格平滑"5 个修改器，就把一个立方体变成了一个排球的形状。

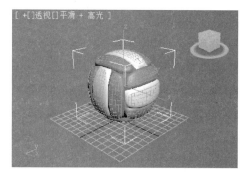
图 3-105　排球模型

图 3-106　排球建模所使用的修改器

 编辑修改器的使用

在该实例中练习编辑修改器的使用方法，以及编辑修改器在不同物体之间的复制。

（1）在透视图中创建一个球体和一个圆柱体，如图 3-107 所示。

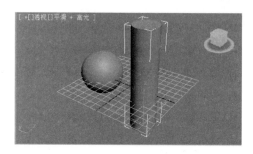
图 3-107　创建球体和圆柱体

（2）选中圆柱体，在修改器列表中选择"弯曲"，"参数"面板设置如图 3-108 所示，应用"弯曲"修改器后的圆柱体如图 3-109 所示。

图 3-108　"弯曲"参数设置

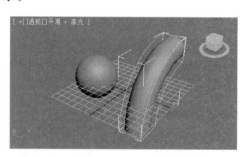
图 3-109　圆柱体进行弯曲后

（3）在选中视图中的球体,转到修改面板,在修改器列表下选择 Stretch（拉伸）选项,如图 3-110 所示,"拉伸"的参数设置如图 3-111 所示,拉伸后的球体如图 3-112 所示。

图 3-110　对球体使用拉伸修改器　　　　　　图 3-111　"拉伸"参数设置

（4）在视图中选中弯曲后的圆柱体,转到修改面板。

（5）在修改器堆栈中,选中"弯曲",直接拖到视图中拉伸后的球体上,如图 3-113 所示。

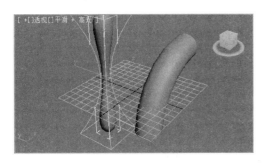

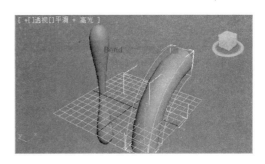

图 3-112　球体拉伸后效果　　　　　　图 3-113　把弯曲修改器拖到球的变形体上

这样就把应用到圆柱体的修改器也应用到拉伸后的球体上了,并且参数也与圆柱体的完全相同,如图 3-114 所示。球体的修改器堆栈中,就多了 Bend（弯曲）这一项,如图 3-115 所示。

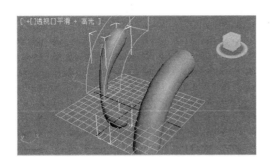

图 3-114　两个物体都弯曲后　　　　　　图 3-115　球体的修改器列表

通过上述实例说明,已经对物体设置的修改器也可以通过拖曳到不同对象上进行复制。

3.4.2　FFD 自由变形修改

该编辑修改器用于变形几何体。它由一组称为格子的控制点组成。通过移动控制点，其下面的几何体也随之变形。

1. FFD 的次对象层次

FFD 的次对象层次如图 3-116 所示，FFD 编辑修改器有 3 个次对象层次：

（1）"控制点"。单独或者成组变换控制点。当控制点变换的时候，其下面的几何体也随之变化。

（2）"晶格"。独立于几何体变换格子，以便改变编辑修改器的影响。

（3）"设置体积"。变换格子控制点，以便更好地适配几何体。

> 做这些调整时，对象不变形。

2. FFD 修改器参数面板

"FFD 参数"卷展栏如图 3-117 所示，包含 3 个主要区域：

（1）"显示"区域控制是否在视图中显示格子，还可以按没有变形的样子显示格子。

（2）"变形"区域可以指定编辑修改器是否影响格子外面的几何体。

（3）"控制点"区域可以将所有控制点设置回它的原始位置，并使格子自动适应几何体。

图 3-116　栈中的 FFD 修改器

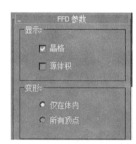

图 3-117　"FFD 参数"卷展栏

　利用 FFD 修改器制作花盆

在该实例中，练习使用 FFD 修改器，再配合移动、选择和缩放工具，制作一个花盆。

（1）启动 3ds Max，或者在菜单栏选取"文件"|"重置"命令，复位 3ds Max。

（2）在菜单栏选取"文件"|"打开"命令，然后打开文件"花.max"。文件中包含了两个对象，如图 3-118 所示。

（3）在透视视图选择花盆，也就是下方的圆柱体对象。

（4）选择"修改"命令面板，在编辑修改器列表中选择"FFD（圆柱体）"，如图 3-119所示。

图 3-118 "花"原始模型

图 3-119 修改器列表

（5）单击编辑修改器显示区域内"FFD 圆柱体"左边的＋号，展开层级。

（6）在编辑修改器堆栈的显示区域单击"控制点"，如图 3-120 所示。

（7）在前视图使用区域选择的方式选择顶部的控制点，如图 3-121 所示。

图 3-120 选中的 FFD(圆柱体)
4×6×4 修改器

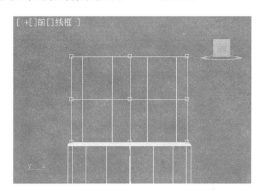

图 3-121 控制点模式下的线框图

（8）在主工具栏中单击"选择并均匀缩放"按钮。

（9）在前视图将鼠标指针放在变换坐标系的 XY 交点处，如图 3-122 所示，然后缩放控制点，直到它们离得很近为止，如图 3-123 所示。

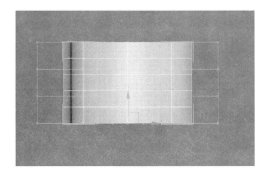

图 3-122 选择最下方的控制点

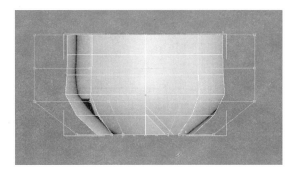

图 3-123 对选中的点进行压缩变形

（10）在前视图选择所有中间层次的控制点。

（11）在前视图或者透视图中通过缩放工具或移动工具调整它。

（12）在顶视图将鼠标指针放在变换坐标系的 XY 交点处，然后放大控制点，直到它们与图 3-124 类似为止。

（13）在编辑修改器堆栈显示区域单击"FFD（圆柱体）"，返回到对象的最上层，模型制作完成，如图 3-125 所示。

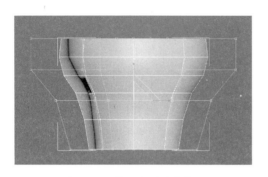
图 3-124　挤压变形后的模型

图 3-125　花盆效果图

3.4.3　编辑网格模型

"编辑网格"对于物体所起的作用，与"编辑样条线"对于样条线一样，只不过编辑网格的操作更加复杂。对一个物体，如球形、立方体等，应用编辑网格后，可以生成点、边、面等子物体级别，通过对子物体级别的修改达到对物体修改的目的。

 实例　使用"编辑网格"制作椅子模型

（1）在"创建"命令面板下选择"扩展基本体"，选中"异面体"，如图 3-126 所示。在透视图创建异面体，如图 3-127 所示。

图 3-126　选中"异面体"

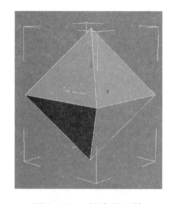
图 3-127　创建异面体

（2）如图 3-128 所示，将异面体的参数修改为"十二面体/二十面体"，参数 P 修改为0.36，效果如图 3-129 所示。

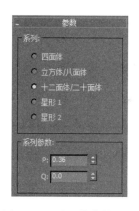

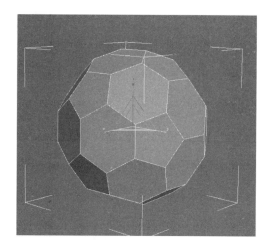

图 3-128 异面体参数设置　　　　图 3-129 参数修改为十二面体后的模型

（3）使异面体处于选中状态，转到修改器面板，应用"编辑网格"修改器，选中"多边形"次物体级别，在视图中选择所有面。

> **注意**：在 3ds Max 中，选中多个物体时，使用鼠标圈选即可。

（4）在修改器面板中，在单击"炸开"按钮后，还会弹出一个小窗口，需要单击"确定"按钮。

（5）在主工具栏中单击 ，出现如图 3-130 所示的对话框，说明异面体所有的面已经被炸开。

图 3-130 炸开后场景中的物体列表

(6) 选择全部物体,如图 3-131 所示。

如图 3-130 所示的"按名称选择"工具,是在大场景建模中经常使用的工具。可选择单一物体,也可按下 Ctrl 键配合鼠标左键选择多个物体。

(7) 转到修改器面板,应用"网格选择"修改器,选中"多边形"次物体级别,在视图中选择所有面。视图中的面颜色变为红色,如图 3-132 所示。

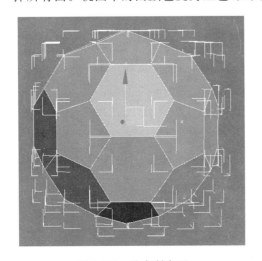

图 3-131　选中所有面

图 3-132　用"网格选择"选中所有面

在 3ds Max 中,网格物体被选中都是红色显示,如果不是红色显示,说明没有选中该网格。

(8) 应用"面挤出"修改器,设置参数如图 3-133 所示,在视图中异面体"炸开"后的效果如图 3-134 所示。

图 3-133　"炸开"参数设置

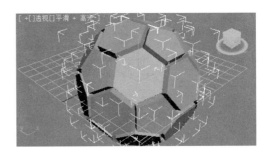

图 3-134　"炸开"后效果

(9) 应用"网格平滑"修改器,设置参数如图 3-135 所示。如图 3-135(a)所示,"细分方法"选择"四边形输出",在如图 3-135(b)所示"平滑参数"中"强度"填入 0.3。

在修改器堆栈中,可以显示已经应用过的所有修改器,如图 3-136 所示。初步形成的足球模型如图 3-137 所示。

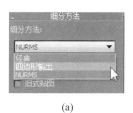
(a)

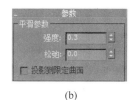
(b)

图 3-135　"网格平滑"参数设置

图 3-136　栈中的修改器

图 3-137　"网格平滑"后的效果

（10）再为足球贴上黑白相间的材质，一个足球建模过程就完成了。该内容将在第 4 章中讲解。

3.5　多边形建模

3.5.1　多边形建模

可编辑多边形是 3ds Max 中又一个强劲的建模工具，能用于人物、生物、植物、机械、工业产品等的建模。可编辑多边形与可编辑网格的操作有很多都是相同的，但也存在差别，比如在以下这三个方面就有所不同：

（1）可编辑多边形的工具更加丰富，如从 3ds Max 7.0 以后就增加的"桥接"工具。可编辑网格则不具备此功能。

（2）网格的基本体是三角面。而多边形是任意的多边形面。可编辑网格中"面"的图标是三角形状，而多边形则是"多边形"，可编辑多边形中还有"边界"级别。所以说可编辑多边形建模更加灵活。

（3）可编辑多边形内嵌了曲面（Nurms），而可编辑网格只能外部添加"网格平滑"。

1. 通用工具栏

可编辑多边形的通用参数栏如图 3-138 所示。

1）"选择"卷展栏

- 按顶点：此项可以在"顶点"模式以外的其他"次物体级别"中使用。当选择一个顶点时，使用该顶点的边或面将被选中。是边还是面，取决于次物体的模式。

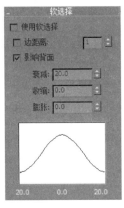

图 3-138 可编辑多边形建模通用参数

- 忽略背面：选中此项，则无法选择后面部分的顶点、边、面元素。
- 收缩：此项收缩减少次物体元素。
- 扩大：此选择扩展增加此物体元素。
- 环形：此工具工作在"边"和"边界"次物体模式下，选择平行与所选边或边界的次物体。
- 循环：此工具只工作在"边"和"边界"次物体模式下。选择与所选边或边界相一致的次物体。

2)"软选择"卷展栏

- 使用软选择：决定是否打开软化功能。
- 衰减：设置衰减范围。
- 收缩：代表沿纵轴提高或降低曲线最高点。
- 膨胀：用来设置该区域的丰满程度。

3)"明暗处理面切换"卷展栏

以亮度面显示受影响区域。

2. 次物体"点"参数面板

可编辑多边形的次物体"点"参数面板如图 3-139 所示。

1)编辑顶点

- 移除：删除选择的点。和 Delete 不同的是，移走一个顶点后网格保持面的完整。此功能在建模当中非常有用。
- 断开：在所选的顶点处为每个相连的面创建新的顶点。
- 挤出：存在于"顶点""边""边界"和"多边形"次物体模式中。
- 焊接：将所选次物体合并。
- 切角：将所选次物体进行倒角处理。
- 目标焊接：同"焊接"功能。
- 连接：在所选次物体之间添加边。
- 移除孤立顶点：删除孤立于物体的多余顶点。
- 移除未使用的贴图顶点：删除一些其他的操作已经完毕后剩下的点。它们是 Unwrap UVW 中的可见贴图的顶点，但是不存在于模型之中。

图 3-139　可编辑多边形建模中的"点"参数

2）编辑几何体

- 重复上一个：重复执行上一次对物体的任何操作。
- 约束：对次物体移动操作时，次物体的操作被约束到"边"或"面"上。
- 创建：创建孤立于物体的顶点。
- 塌陷：将所选顶点合并为一个点。
- 附加：将其他的网格物体结合到当前物体。
- 分离：将所选次物体分离为独立的网格物体。
- 切片平面：在选择的面上添加一条直线边。
- 快速切片：在视图中沿着某一方向在网格上添加一条直线边。
- 切割：切割是更为精确的剪切工具。鼠标指针在不同的次物体层级上显示也是不同的。
- 网格平滑：对所选次物体进行平滑。
- 细化：对选定的次物体进行细化。
- 平面化：按所选次物体的法线进行平面对齐。
- 视图对齐：将所选的次对象都对齐活动视图平面。
- 栅格对齐：将所选的此对象都对齐活动视图的栅格平面。
- 隐藏选定对象：隐藏所选对象。

3．次物体"边"参数面板

"可编辑多边形"的次物体"边"参数面板如图 3-140 所示。相同命令同上述其他次物体对象，不再重复。

- 利用所选内容创建图形：将选择的边转换生成独立的二维样条。

- 编辑三角形：改变网格物体三角形面的划分方式。可以在"边""边界""多边形"和"元素"模式下使用。

4. 次物体"边界"参数面板

"可编辑多边形"的次物体"边界"参数面板如图 3-141 所示。相同命令同上述其他次对象。

封口：对选择的缺口边界进行封口。

图 3-140　"多边形"建模中"边"参数　　　　　图 3-141　"多边形"建模中"边界"参数

5. 次物体"多边形"参数面板

"可编辑多边形"的次物体"多边形"参数面板如图 3-142 所示。相同命令同上述其他次对象。

图 3-142　"多边形"建模中"多边形"参数

- 插入顶点：细分多边形面。
- 轮廓：偏移当前选择多边形的边，如图所示。
- 插入：通过向内偏移当前选区的边创建新的多边形。"插入"可以在一个或者多个多边形中执行。
- 翻转：翻转选择的面和元素的法线。
- 从边旋转：在"多边形"次物体模式下，可挤压绕任意边旋转的面。
- 沿样条线挤出：在"多边形"次物体模式下，依据一条二维样条曲线挤压一个面。

3.5.2 实例——易拉罐的建模

 易拉罐的建模

1. 罐体的基础制作

（1）打开 3ds Max，激活透视图，单击"创建"|"几何体"|"圆柱体"按钮，在场景中创建一个圆柱体。

（2）在"参数"卷展栏中修改"半径"数值为 4cm，"高度"为 13cm，"高度分段"为 5，"端面分段"为 1，"边数"为 18，如图 3-143 所示。

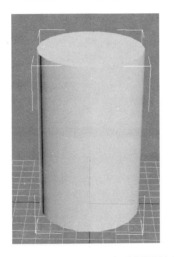

图 3-143　在透视图创建及圆柱体参数

（3）然后选择场景中的圆柱体，按下键盘的 F4 键显示物体网格，如图 3-144 所示。

（4）单击"修改"按钮进入修改命令面板，在"修改器列表"下面，右击，在弹出的快捷菜单中选择"可编辑多边形"命令，如图 3-145 所示。

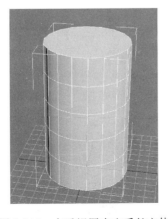
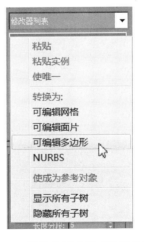

图 3-144　在透视图中查看长方体　　　图 3-145　转化为可编辑多边形的菜单

> **注意**：把创建的物体转化为可编辑多边形，也可在视图中选中物体，右击，在弹出的快捷菜单中选择"转换为"→"转换为可编辑多边形"命令，就可以把物体转化为可编辑多边形。

（5）激活前视图，单击 ⬚ 进入修改命令面板，在"选择"卷展栏中单击 ⬚ 按钮，进入点层级。

（6）单击 ⬚ 按钮，进入移动工具，选择 Y 轴，分别移动这些顶点，如图 3-146 所示。

> 进入移动工具，也可以直接点击键盘上的"W"键。

（7）用鼠标依次圈选高度分段上的顶点，单击 ⬚ 按钮，分别移动这些顶点，确定瓶身的结构线位置，效果如图 3-147 所示。

图 3-146　在点模式下编辑

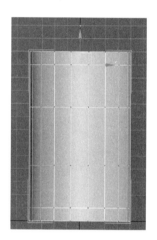

图 3-147　点模式下编辑后效果

（8）在侧视图，选择顶部的顶点，单击均匀缩放工具 ⬚，将鼠标指针放在 X、Y 轴相交的黄色区域，进行整体缩小（见图 3-148）。选择底部的顶点，做同样的操作，效果如图 3-149 所示。

图 3-148　缩放顶部的顶点

图 3-149　缩放后的效果

进入缩放工具，也可以直接按键盘上的 R 键。连续按 R 键。可切换不同的缩放类型。

当你选择了"均匀缩放"，即可以做 XYZ 同比缩放（同比缩放是"不会变形的"），也可以做 X、Y、Z、XY、XZ、YZ6 个方向的变形缩放。

当你选择了"非均匀缩放"，那么只可以做 X、Y、Z、XY、XZ、YZ6 个方向的变形缩放，绝对做不到不变形的同比缩放。

当你选择了"挤压缩放"，可以沿一个轴进行缩放，而其他轴进行反向缩放；还可以沿两个轴缩放。则剩余的一个轴进行反向缩放。"挤压缩放"在保持物体体积的情况下生成外观。

注：如果缩放了对象，之后在"修改"面板中检查其基础参数，会看到该对象缩放前的尺寸。基础对象的存在与场景中可见的缩放对象无关。可以使用测量工具来测量已缩放或由修改器更改的对象的当前尺寸。

（9）选择底部的环形，如图 3-150 所示。使用连接工具，如图 3-151 所示。分段数 2，单击"确定"按钮，加线成功，如图 3-152 所示。

图 3-150　选择环形边　　　　　　　图 3-151　编辑边工具面板

（10）通过点层级或边层级进行缩放，调整大小，如图 3-153 所示。

图 3-152　"连接"工具　　　　　　　图 3-153　调整大小

（11）顶部的瓶口位置，也需要进行连接加线和缩放调整大小的步骤，参考步骤（9）和步骤（10），如图 3-154 所示。

（12）通过以上步骤，可以做出这样一个罐子，当然，还可以通过点层级和线层级来调整比例和细节，如图 3-155 所示，最终效果如图 3-156 所示。

图 3-154　调整大小

图 3-155　调整罐子的点和线

图 3-156　罐体最终效果

2. 罐底的制作

（1）在透视图中，单击 ▣，进入面层级，选择罐体底面，如图 3-157 所示。

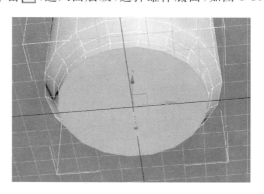

图 3-157　选择罐体底面

（2）在"编辑多边形"卷展栏中单击"插入"按钮（如图 3-158 所示），在物体表面拖曳鼠标，在多边形的顶部插入一个面，效果如图 3-159 所示。

（3）在"编辑多边形"卷展栏中单击"倒角"后面的设置按钮，如图 3-160 所示，在参数面板中调整"挤出高度"－0.9，"轮廓"－0.8，单击"确定"按钮，在多边形的底部凹陷一个面，效果如图 3-161 所示。

图 3-158　编辑多边形面板

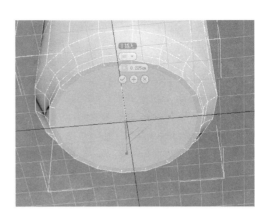

图 3-159　"插入"操作后的效果

图 3-160　编辑多边形面板

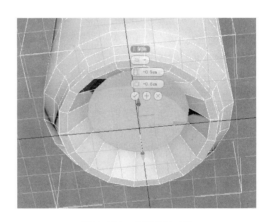

图 3-161　"倒角"工具

3. 罐顶部的制作

（1）在透视图中，单击 ▣，进入面层级，选择罐体顶面，如图 3-162 所示。

图 3-162　选择罐体顶面

（2）在"编辑多边形"卷展栏中单击"插入"按钮，如图 3-163 所示，在物体表面拖曳鼠标，在多边形的顶部插入一个面，效果如图 3-164 所示。

图 3-163　编辑多边形面板

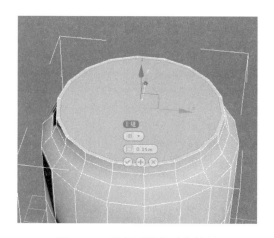

图 3-164　"插入"操作后的效果

（3）在"编辑多边形"卷展栏中单击"倒角"后面的设置按钮，如图 3-165 所示，在参数面板中调整"挤出高度"为－0.5，"轮廓"为－0.15，单击"确定"按钮，在多边形的顶部凹陷一个面，效果如图 3-166 所示。

图 3-165　编辑多边形面板

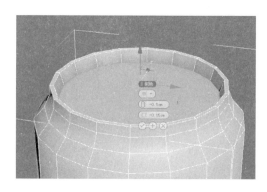

图 3-166　"倒角"操作后的效果

（4）在"编辑多边形"卷展栏中单击"插入"按钮，如图 3-167 所示，在物体表面拖曳鼠标，在多边形的顶部插入一个面，效果如图 3-168 所示。

图 3-167　编辑多边形面板

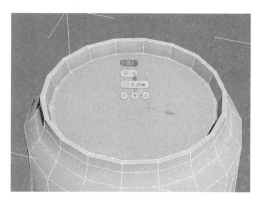

图 3-168　"插入"操作后的效果

（5）在"编辑多边形"卷展栏中单击"挤出"按钮，如图 3-169 所示，在参数面板中调整"挤出高度"为 0.2cm，在多边形的顶部挤出一个面，效果如图 3-170 所示。

图 3-169　编辑多边形面板

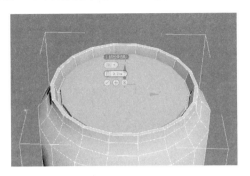

图 3-170　"挤出"操作后的效果

（6）罐体的初步效果如图 3-171 所示。

图 3-171　罐体的初步效果

4．罐顶拉环的制作

（1）单击"创建"|"几何体"|"平面"按钮，在顶视图中创建一个平面，如图 3-172 所示。

（2）在"参数"卷展栏中修改"长度"数值为 3cm，"宽度"为 1.5cm，"长度分段"和"宽度分段"为 5，如图 3-173 所示。

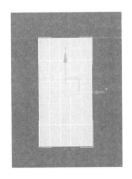

图 3-172　创建一个平面

图 3-173　调整参数

（3）单击"修改"按钮进入修改命令面板，在修改器列表下面右击，在弹出的快捷菜单中选择"编辑多边形"命令，如图 3-174 所示。

（4）激活顶视图，单击 ，进入修改命令面板，在"选择"卷展栏中单击 ░ 按钮。

（5）现在选择四个角的顶点，单击 ✛ 按钮，分别移动这些顶点；依次选择内部的顶点，单击 ✛ 按钮，分别移动这些顶点，效果如图 3-175 所示。

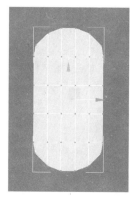
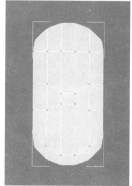

图 3-174　编辑多边形　　　　　　　图 3-175　点层级下调整结果

（6）单击 ▣，进入面层级，选择中间的面。按键盘上的 Delete 键将之删除，如图 3-176 所示。

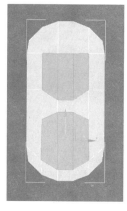

图 3-176　"删除"操作后的效果

（7）进入透视图，单击 ▣，进入面层级，全选所有的面。在"编辑多边形"卷展栏中单击"挤出"按钮（如图 3-177 所示），在参数面板中调整"挤出高度"为 0.1cm，在多边形的顶部挤出一个面，效果如图 3-178 所示。

（8）选中模型，如图 3-179 所示，在修改命令面板中。选择"网格平滑"命令，如图 3-180 所示。迭代次数调整为 2，如图 3-181 所示。

（9）通过移动工具，将拉环放置到罐顶位置，并通过缩放工具调整拉环的大小，如图 3-182 所示。

（10）创建一个小的圆柱体，设置"半径"为 0.09cm，"高度"为 0.03cm，如图 3-183 所示。通过移动工具放置到拉罐顶部合适的位置，如图 3-184 所示。

图 3-177　可编辑多边形面板

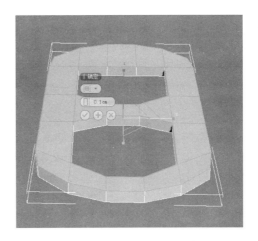

图 3-178　"挤出"操作后的效果

图 3-179　选中模型

图 3-180　"网格平滑"命令

图 3-181　平滑后效果

图 3-182　调整拉环的大小及位置

图 3-183　圆柱体参数

图 3-184　拉环最终效果

5. 罐体细节制作

（1）选择想要保持有棱角的边,使用切角工具,进行切角。如图 3-185 和图 3-186 所示,选择罐体的一条边,执行"循环"命令,就可以选择相对应的一圈环线,如图 3-187 所示。

图 3-185　选择一条边　　　　　　　　　　　　　　图 3-186　执行"循环"命令

（2）执行"切角"命令,"数量"为 0.1cm,"分段"为 2,如图 3-188 所示。

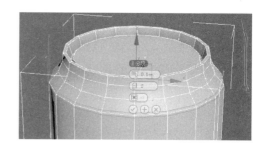

图 3-187　选择环线　　　　　　　　　　　　　　　图 3-188　执行"切角"命令

（3）选择其他需要切角的边执行以上的步骤,切角"数量"属性和"分段"属性可以自定义。完成效果如图 3-189 所示。

> 　　切角"数量"属性的数值越大,两条线的距离越远,平滑之后的模型越圆滑。"分段"属性数值越大,分段越多,平滑之后的模型越圆滑。
> 　　切角是多边形建模中使用频率比较高的工具之一,主要是对选定边进行切角(圆角)处理,生成平滑的棱角。很多时候,我们会对切角之后的模型添加"网格平滑"修改器,生成更加平滑的模型。

（4）选择罐体,在修改命令面板中,选择"网格平滑"命令,迭代次数调整为 2,如图 3-190 所示。

> 　　未切角的易拉罐(见图 3-191)和切角之后的易拉罐(见图 3-192)对比。

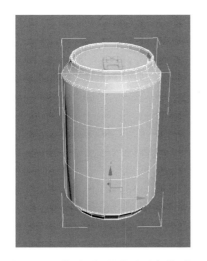

图 3-189　给需要调整的边进行"切角"

图 3-190　"网格平滑"操作后的效果

图 3-191　未切角的易拉罐

图 3-192　切角之后的易拉罐

3.6　练习与实验

1. 单选题

(1) 在 3ds Max 中,选择区域形状有(　　)。

　　A. 1 种　　　　　　　B. 2 种　　　　　　　C. 3 种　　　　　　　D. 4 种

(2) "编辑样条线"中有(　　)个次物体类型。

　　A. 5　　　　　　　　B. 4　　　　　　　　C. 3　　　　　　　　D. 6

(3) 以下(　　)按钮在"编辑网格"的任何次物体层级均可用。

　　A. 分离　　　　　　　B. 选择开放边　　　　C. 斜角　　　　　　　D. 附加

(4) 布尔运算没有的运算操作类型为(　　)。

　　A. 并集　　　　　　　B. 差集　　　　　　　C. 交集　　　　　　　D. 连接

（5）以下关于修改器的说法正确的是（   ）。

    A. 弯曲修改器的参数变化不可以形成动画

    B. NURBS 建模又称为多边形建模

    C. 放样是使二维图形形成三维物体

    D. Edit mesh 中有三种次物体类型

2. 多选题

（1）下列属于复合物体的有（   ）。

    A. 放样   B. 图形合并   C. 布尔   D. 车削

（2）点的属性有（   ）。

    A. 平滑   B. 角点   C. Bezier 角点   D. Bezier

（3）下面哪几种二维图形可以作为放样路径？（   ）

    A. 圆   B. 直线   C. 螺旋线   D. 圆环

（4）不能精简物体表面的命令有（   ）。

    A. 优化   B. multires   C. 弯曲   D. 细分

（5）下面哪个编辑器可以改变几何体的光滑度？（   ）

    A. 平滑   B. 编辑网格   C. editMesh   D. 锥化

3. 思考题

（1）简述放样建模的步骤。

（2）简述"编辑网格"和"编辑面片"调整器的次对象及这两个调整器的区别。

4. 实验

（1）基础实验。

① 请分别利用挤出、倒角、倒角剖面三种修改器实现立体字效果。

② 请设计一个物体沿固定曲线运动的动画。

③ 请反复使用弯曲修改器，是一个圆柱体形成一个"9"形。

④ 请使用扩展基本体中的切角长方体来形成一个沙发模型。

（2）综合实验。

① 利用放样建模，实现如图 3-193 所示的蛇形。

② 利用 Lathe 撤销修改器，实现如图 3-194 所示的酒杯模型。

③ 利用修改建模，实现如图 3-105 所示的排球模型。

④ 请使用创建面板中的门、窗、AEC 扩展中的墙体，创建一个房子的模型。

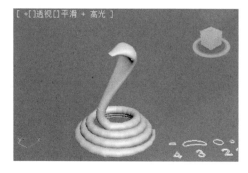

图 3-193　放样变形的蛇形

图 3-194　高脚杯模型

第4章 材质与贴图

【学习导入】

经过第 3 章的学习之后,我们已经初步掌握了一些建模技术,能够完成一些简单物体的建模。但是我们会发现自己制作的模型不够美观,模型的样子与实际物体的差别很大。当我们看到影视作品中用 3ds Max 软件实现的金属、陶瓷、玻璃等各种材质的物体时羡慕不已,同时也向往拥有这些技术,使自己制作的作品更加令人陶醉。本章的内容可以帮助我们实现这种愿望。本章在建模技术的基础上,介绍 3ds Max 中的材质与贴图,即要对建好的模型进行修饰,使其看起来更加真实和美观。

【学习目标】

知识目标:了解材质类型、贴图的类型(2D 贴图和 3D 贴图)、贴图的使用方法、贴图坐标的概念、反射和折射的原理。

能力目标:能熟练使用各种材质、贴图的操作方法,能制作金属、玻璃、水、塑料等常见材质。

素质目标:对现实世界中的物体,能尝试用材质和贴图操作,模拟真实的质感。

4.1 制作材质的基本思路

3ds Max 中拥有强大的材质系统,依靠内置的各类材质可以制作出任何一种你想要的材质效果。首先,通过一个简单的案例,进行"热身运动"——先来了解制作材质的基本思路。

4.1.1 3ds Max 中制作材质的思路

3ds Max 中制作材质的思路分为以下几个阶段:

(1) 判断材质类型,是木材、金属还是玻璃等其他材质。

(2) 为选定样本球命名。

(3) 选择相应的着色类型,是标准材质还是光线追踪材质。

(4) 设置漫反射颜色、光泽和不透明度等各种参数。

(5) 为材质通道制定相应的贴图,并调整参数。

(6) 将材质球赋予给相应对象。

(7) 调整 UV 坐标,正确定位套图。

(8) 保存材质并渲染。

4.1.2 实例——桌子、纸、笔的材质

 综合应用案例

本实例中,通过添加简单的材质、贴图操作方法,让读者对材质贴图概念有一个大致的了解。通过案例的效果,让读者对第4章的内容产生更浓厚的兴趣。

(1) 打开"材质实例01.max"文件,场景中有中性笔、纸、桌面三个模型,如图4-1所示。

(2) 制作桌面的材质。

① 选择"桌面"模型。

② 单击主工具栏上的 按钮,打开材质编辑器。选择第一个样本球,重命名为"木材",默认材质类型为标准材质。在"明暗器基本参数"中单击打开下拉列表框,设定为 Blinn 模式,如图4-2所示。

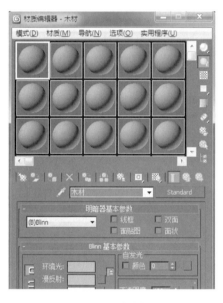

图 4-1　初始模型　　　　　　　　　　图 4-2　材质编辑器

③ 单击"漫反射"后面的按钮 漫反射: ，在弹出的"材质/贴图浏览器"中选择"位图",并双击,如图4-3所示。

④ 选择"素材"文件夹中的"木材贴图01.JPG",单击打开,如图4-4所示。

⑤ 选择模型,选择样本球,单击 按钮,将材质赋予模型物体,效果如图4-5所示。

> 如果模型没有显示出相应的材质,只要进入"材质编辑器",选择样本球,单击"视图中显示明暗处理材质" 按钮即可。

⑥ 选中"桌面"材质的样本球,下拉材质编辑器窗口,打开"贴图"卷展栏,单击"反射"后的按钮,出现如图4-6所示的对话框。

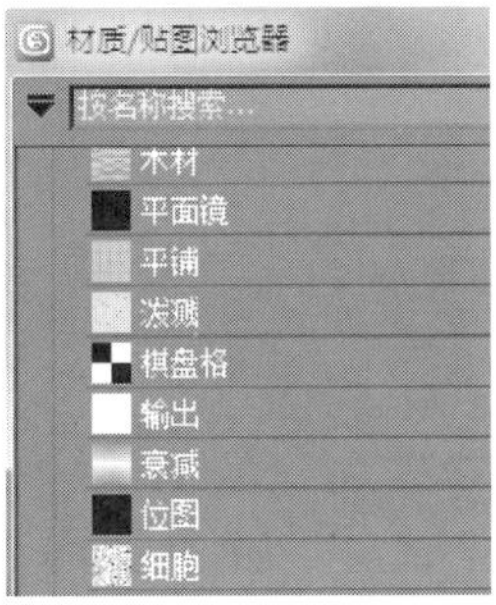

图 4-3　材质贴图浏览器

图 4-4　选择"木材贴图 01"

图 4-5　桌面的材质

图 4-6　选择平面镜贴图

⑦ 选择"平面镜",确定后如图 4-7 所示,参数设置为 30。

⑧ 单击主工具栏上的 ⬚ 按钮,对场景进行渲染,发现地面已经反射了场景中其他物体的光线,如图 4-8 所示。

（3）制作纸片的材质。

① 选择"纸片"模型。

② 单击主工具栏上的 ⬚ 按钮,打开材质编辑器,选择第二个样本球,重命名为"信纸",默认材质类型为标准材质。在"明暗器基本参数"中单击打开下拉列表框,设定为 Blinn 模式,如图 4-9 所示。

图 4-7　贴图卷展栏设置　　　　　　　　　　图 4-8　桌面出现反光

③ 单击"漫反射"后面的按钮 ，弹出"材质/贴图浏览器"，选择"位图"，并双击，如图 4-10 所示。

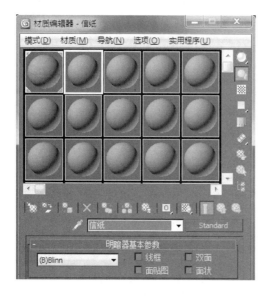

图 4-9　材质编辑器

图 4-10　材质贴图浏览器

④ 选择"素材"文件夹中的"信纸贴图 01.jpg"，单击"打开"按钮，如图 4-11 所示。

⑤ 选择模型，选择样本球，单击 按钮，将材质赋予模型物体，效果如图 4-12 所示。

（4）制作笔的材质。

① 选择"笔"模型。

② 单击主工具栏上的 按钮，打开材质编辑器，选择第三个样本球，重命名为"笔"，默认材质类型为标准材质，如图 4-13 所示。

③ 在"明暗器基本参数"中单击打开下拉列表框，设定为"金属"模式，如图 4-14 所示。

④ 打开"位图"卷展栏，对"反射"特性进行贴图设定，单击"反射"后的 None 按钮，如图 4-15 所示。

图 4-11　选择"信纸贴图 01"

图 4-12　显示信纸材质

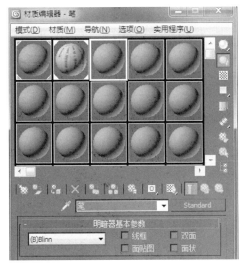

图 4-13　材质编辑器

图 4-14　选择"金属"材质

⑤ 弹出贴图种类选择对话框,选取"位图",如图 4-16 所示。

⑥ 弹出图片文件定位对话框,选定"金属贴图 02.jpg"为反射贴图的位图文件,并单击"确定"按钮将其导入。反射值修改为 30,如图 4-17 所示。

⑦ 同步骤④、⑤、⑥,为"漫反射颜色"加入贴图的位图文件"金属贴图 02.jpg",如图 4-18 所示,单击"打开"按钮将其导入。

⑧ 单击 按钮,将材质赋予模型物体,并单击主工具栏上的 按钮进行渲染,效果如图 4-19 所示。

⑨ 最终效果如图 4-20 所示。

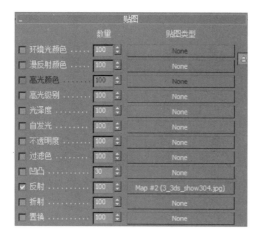

图 4-15　材质贴图浏览器　　　　　　图 4-16　Metal 材质的 Maps 栏

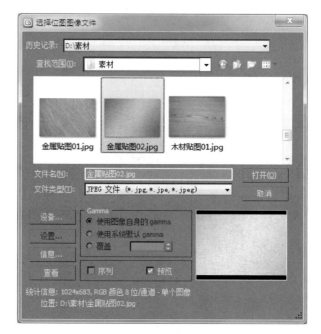

图 4-17　反射值修改为 30　　　　　　图 4-18　选择"金属贴图 02.jpg"

图 4-19　金属效果的笔　　　　　　图 4-20　最终效果

4.2　材　质　类　型

物体的材质就是指物体模型经过计算机渲染后所呈现出的最终外表效果,就好像是人的衣服一样。相同的模型被赋予不同的材质后产生的结果可能会大相径庭,例如一个立方体模型被赋予木头纹理和大理石纹理后就分别成了一块木板和一块大理石。

材质与贴图的区别

- 材质是一个东西的质地,例如玻璃、金属、塑料等;贴图是一个东西的表面,例如地板的纹理、大理石的纹理图片之类。
- 在"材质/贴图浏览器"中,材质前面以 ⬤ 标识,而贴图前面以 ▨ 标识。

4.2.1　标准材质

"标准"类型材质是使用率最高的材质编辑模式,利用它可以制作出许多令人感到神奇的效果,同时它也是其他特殊类型材质的基础材质。利用标准材质可以制作出具有反光、凹凸、高光、透明、自发光、折射等特性的物体表面,这些丰富的功能使得材质模板参数较为繁杂,初学者需要多加体会。按下 M 键弹出"材质编辑器"对话框,下面分别说明材质编辑器的各个卷展栏参数。

1. "明暗器基本参数"卷展栏

明暗器基本参数卷展栏,如图 4-21(a)所示。

(1)着色类型:可以控制如何为对象进行上色处理。不同的着色模式将采用不同的算法来计算光的反射、高光以及强度等,如图 4-21(b)所示。

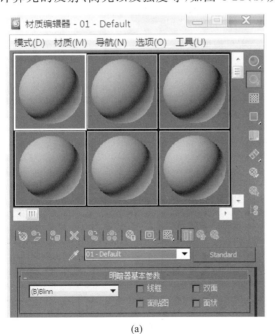

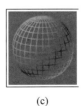

(a)　　　　　　　　　　　　(b)　　　　　(c)

图 4-21　材质编辑器样本球级明暗器基本参数图

(2) 线框：将材质显示为线框形态，如图 4-21(c)所示。

(3) 双面：对材质进行双面渲染，双面渲染是指当材质透明时可以显示背面。

(4) 面贴图：材质将贴到物体的每一个面。

(5) 面状：使面棱角化。

2. 着色类型

"着色类型"下拉列表框中提供了 8 种选择，选择不同的着色类型，参数面板会相应变化。下面依次予以说明。

1) 各向异性

选用该着色模式，系统将用椭圆、各向异性的高光来创建表面。这些高光对于头发、玻璃或是摩擦过的金属效果有很好的渲染效果表现。各向异性的基本参数面板如图 4-22 所示。

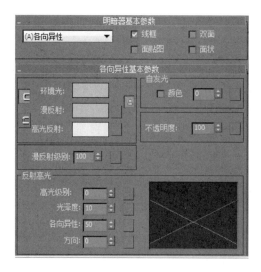

图 4-22 着色类型参数

环境光：物体受光照时，材质阴影部分的颜色。

漫反射：材质的基调色。

高光反射：材质高光部分的颜色。

漫反射级别：调节漫反射的光亮度。

自发光：使材质产生一种白炽灯的发光效果。

不透明度：控制物体透明效果。

高光级别：调节高光反射的光亮度。

光泽度：控制高光的范围。

各向异性：控制高光模式为圆形或是椭圆形。

方向：控制高光部分的受光角度。

2) Blinn

Blinn 材质是选择样本球后的默认材质，主要用于表现橡皮、塑料等材质。与下面提到的 Phong 相比，"高光"部分的感觉较弱，而且圆滑。下面通过一个"凹凸贴图"实例来展示 Blinn 材质的使用方法。

实例 凹凸贴图的使用方法

在本实例中,要利用凹凸贴图,在圆柱体上实现文字的突出效果。

(1)在透视图中创建一个平面,如图 4-23 所示。

(2)单击主工具栏上的"材质编辑器"按钮,弹出材质编辑器,选择第一个样本球,使用默认材质类型为"标准"即可。

> **小提示**:按键盘上的 M 键,也可以弹出材质编辑器按钮。

(3)在"明暗器基本参数"中单击打开下拉列表框,设定为 Blinn 模式。

(4)下拉"材质编辑器"窗口,打开"贴图"卷展栏,对"凹凸"特性进行贴图设定,单击"凹凸"后的 None 按钮,如图 4-24 所示。

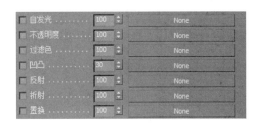

图 4-23　创建平面　　　　　　　　　　　　　图 4-24　凹凸贴图

(5)弹出贴图种类选择对话框,选取"位图",图片选择如图 4-25 所示图片。

(6)随后弹出图片文件定位对话框,参数设置按默认即可,单击 按钮,返回"材质编辑器"。

(7)单击 按钮,将材质赋予模型物体,并单击主工具栏上的 按钮进行渲染,效果如图 4-26 所示。

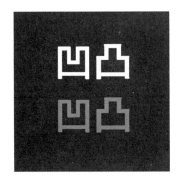

图 4-25　贴图设置　　　　　　　　　　　　　图 4-26　凹凸贴图效果

(8) 调整"凹凸"强度为60,模型物体凹凸感加深。

> **小提示**:作为凹凸贴图的图片白色代表凸出,黑色表示凹陷,黑白对比度越强其凹凸感越明显;凹凸强度值越大,凹凸感越明显。

3)金属

主要用于制作金属材质。

下面利用金属材质的"反射"特性贴图,实现一个金属茶壶效果。

 制作金属茶壶效果

本实例中,通过添加简单的反射贴图实现金属效果。

(1) 打开"创建"命令面板,单击"茶壶"按钮,在透视图中生成一个圆柱体。

(2) 单击主工具栏上的 按钮,弹出材质编辑器,选择第一个样本球,默认材质类型为标准材质。

(3) 在"明暗器基本参数"中单击打开下拉列表框,设定为"金属"模式,如图 4-27 所示。

(4) 打开"位图"卷展栏,对"反射"特性进行贴图设定,单击"反射"后的 None 按钮,如图 4-28 所示。

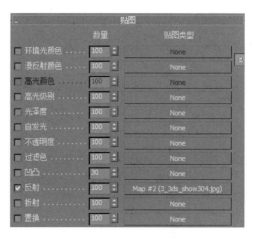

图 4-27 选择金属材质   图 4-28 Metal 材质的 Maps 栏

(5) 弹出贴图种类选择对话框,选取"位图"。

(6) 弹出图片文件定位对话框,选定图 4-29 为反射贴图的位图文件,并单击"确定"按钮将其导入。

(7) 单击 按钮,将材质赋予模型物体,并单击主工具栏上的 按钮进行渲染,效果如图 4-30 所示。

4)多层

主要用于塑料、橡皮等材质的表现。它具有两层"各向异性",可以对各自的"高光"进行色彩调节。多层基本参数卷展栏如图 4-31 所示。

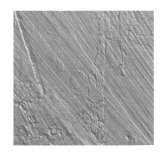

图 4-29　金属效果贴图

图 4-30　金属效果的茶壶

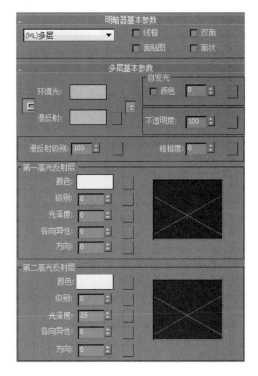

图 4-31　多层材质参数面板

漫反射级别：调节"漫反射"的光亮度。

粗糙度：确定"漫反射"和"环境光"的混合程度。数值越高，"环境光"所占比重越大。

5）Oren-Nayar-Blinn（明暗处理）

与 Blinn 功能类似，但是"高光"更为柔和。

6）Phong

同 Blinn 相似，制作像玻璃那样坚硬而光滑的材质。在本书第 9 章中，将主要使用 Phong 设置玻璃材质。

7）Strauss（金属加强）

用来表现金属材质，"金属"材质效果好。

8）半透明明暗器

"半透明明暗器"用来表现光空透一个物体的效果。主要用于薄的物体包括窗帘、投影屏幕或者蚀刻了图案的玻璃。"半透明明暗器"卷展栏如图 4-32 所示。

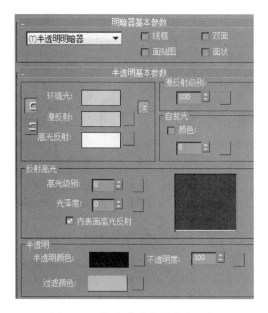

图 4-32　半透明明暗器参数面板

半透明颜色：用于穿透物体的颜色。

不透明度：控制物体的透明程度。

过滤颜色：穿透半透明物体的光的颜色。

3. "扩展参数"卷展栏

"扩展参数"卷展栏参数面板如图 4-33 所示。

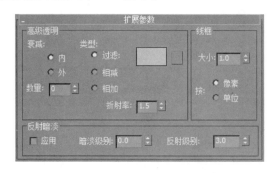

图 4-33　扩展卷展栏参数面板

衰减：实例效果如图 4-33 所示。

• 内：设定对象中间部分的透明度。

• 外：设定对象边缘部分的透明度。

数量：控制透明度高低。

类型：设置透明对象的透光效果。

• 过滤：通过乘上透明表面后的颜色来计算滤色。

• 相减：去掉透明表面后的颜色。

- 相加：加上透明表面后的颜色。

折射率：设置被折射贴图和光线跟踪使用的折射率。

线框：如果选择线框渲染，则通过"大小"设置线框粗细。

按像素：用像素来度量线框。

按单位：用默认单位来度量线框。

反射暗淡：控制如何变暗阴影中的反射贴图。

- 应用：此开关选项决定是否使用反射暗淡。

暗淡级别：控制阴影中的变暗程度。

反射级别：影响不在阴影区中的反射强度。

4. "超级采样"卷展栏

"超级采样"卷展栏参数面板如图 4-34 所示。"超级采样"主要用来反锯齿。提供 4 种采样方式。

图 4-34　超级采样参数面板

Max 2.5 星：默认的采样方式，它的原理是在像素的中心周围平均进行 4 个点的采样。

自适应 Halton：按离散的"准随机"模式将采样点沿水平和垂直方向分布。

自适应均匀：采样点规则分布。

Hammersley：采样点沿水平轴规则分布，沿垂直轴离散分布。

5. "贴图"卷展栏

"贴图"卷展栏参数面板如图 4-35 所示。对象具备了一定的材质特性，如某一种色彩、某一种高光以后，并不能完全表现出现实世界中真实的质地，例如花纹、凹凸等效果。"贴图"卷展栏则提供了这种操作的可能性，如果要制作出物体反射环境的效果，则需要在"反射"中添加"平面镜"或"光线跟踪"或"反射/折射"贴图来完成。

环境光颜色：为阴影部分的颜色添加纹理效果。环境光和纹理的混合度用"数量"来控制。

漫反射颜色：为材质的基调色添加纹理效果。

高光颜色：为材质高光反射添加贴图。

高光级别：高光级别可用贴图的明暗度来控制。

光泽度：光泽度可用贴图的明暗度来控制。

自发光：自发光强度可用贴图的明暗度来控制。

不透明度：对象的不透明度可用贴图的明暗度来控制。

过滤色：过滤的效果可用贴图的明暗度来控制。

110

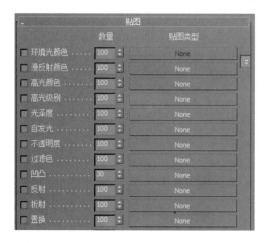

图 4-35　贴图参数面板

凹凸：对象的粗糙度或凹凸效果用特定的贴图来实现。

反射：设置对象反射效果。

折射：设置对象折射效果。

置换：其功能类似"凹凸"，能比"凹凸"产生更好的凹凸效果，但渲染时会增加计算机的负担。

4.2.2　混合材质

在 3ds Max 中不仅有标准材质，而且还提供了几种非标准材质，即复合材质，这些材质可以创造出标准材质所达不到的效果。在这里讲解几种复合材质的创建过程和所达到的效果，使大家对其有一定的了解，以共同提高。

"混合材质"是将两种不同的材质混合成一种新的材质或通过"遮罩"贴图控制材质间的混合程度。在"材质编辑器"对话框中，单击"标准" `Standard` 按钮，弹出"材质/贴图浏览器"对话框，双击"混合"，将出现相应的卷展栏。

"混合基本参数"卷展栏参数面板如图 4-36 所示。各参数所表示的含义如下：

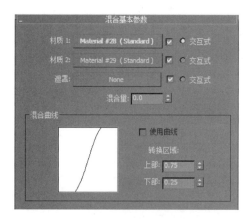

图 4-36　复合材质参数面板

材质 1/材质 2：可以设置两种材质。

遮罩：用贴图的因安度决定材质的混合程度。

混合量：用参数值来决定材质间的混合程度。

 凹凸贴图的使用方法

下面将通过一个具体实例讲解混合材质的使用，步骤如下：

（1）打开"创建"命令面板，单击"圆柱体"按钮，在透视图生成一个圆柱体。

（2）单击主工具栏上的 █ 按钮，单击 ● 按钮，选择"混合"材质类型，如图 4-37 所示。

（3）进入融合材质编辑界面，如图 4-38 所示。

图 4-37　材质贴图浏览器

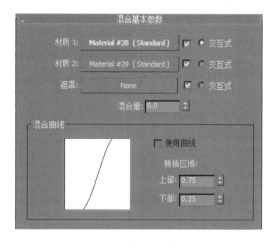

图 4-38　混合材质参数面板

（4）单击"材质 1"按钮，如同编辑标准材质一样，使"材质 1"设定为如图 4-39(a)所示的红色贴图。

（4）单击"材质 2"按钮，"材质 2"为如图 4-39(b)所示的砖墙贴图。

（5）分别设定融合强度"混合量"为 50，得到如图 4-39(c)所示的混合结果。

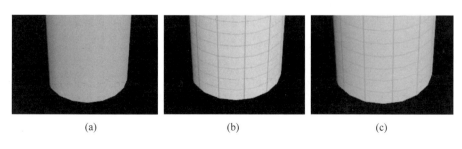

(a)　　　　　　　　　　　(b)　　　　　　　　　　　(c)

图 4-39　混合材质的效果图

> 融合强度值的不同决定了材质1和材质2在最后混合材质中所占的比重,请自行测试为0、100的效果。

4.2.3 多维子对象

"多维子对象"材质可以给物体的每个面分别赋予不同的材质。用户可以指定两种以上标准材质的通道编号,然后使用"编辑网格"修改器选取模型物体的对应贴图部分,并按照相应编号设定,这样就可以为一个物体的各个部分指定不同的贴图。

 多维子对象的使用方法

下面通过给足球赋予黑白材质的例子,来讲解多维子对象材质的使用方法,步骤如下:

(1) 打开第3章讲过的建模实例"足球.max",透视效果如图4-40所示。

(2) 按M键,打开材质编辑器。

(3) 单击Standard按钮,弹出如图4-41所示的对话框,选择"多维/子对象",单击"确定"按钮。

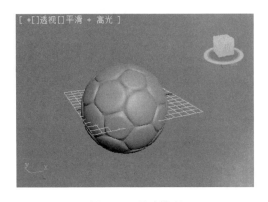

图4-40 足球模型   图4-41 材质贴图浏览器

(4) 确定后,出现如图4-42所示的对话框,即为多维子对象设置参数面板。把ID为2的子对象颜色改为白色,把ID为3的子对象颜色改为黑色,如图4-42所示。

> **小提示**:(1)足球的两类面中,6边形的ID号为2,5边形的ID号为3。
>
> (2)如果不清楚物体上某一个具体面的ID号,可以利用编辑网格修改器,选中该面,即可查看这个面的ID号。

(5) 确定视图中所有的对象都处于选中状态,把材质赋予对象,效果如图4-43所示。

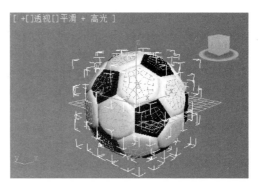

图 4-42　多维子对象参数面板　　　　　　　图 4-43　赋予材质后的足球

4.2.4　顶/底材质

顶/底材质是以上下两层标准材质进行对照显示，用户可以通过调节两层材质的分界点来得到不同分界位置。下面通过一个具体实例来讲解如何制作"顶/底"材质。

顶底材质的使用方法

该实例要实现的效果为给一个球体赋予材质，球的上层为黄色贴图，下层为蓝色贴图，以中间为分界进行合成。具体实现步骤如下：

（1）打开"创建"命令面板，单击"球"按钮，生成一个球体，如图 4-44 所示。

（2）单击主工具栏上的█按钮，单击█按钮，选择"顶/底"材质类型，如图 4-45 所示。

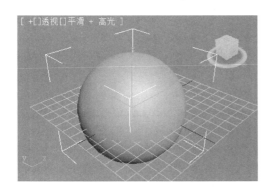

图 4-44　创建一个球体　　　　　　　　　图 4-45　选择顶/底材质

（3）进入顶/底材质编辑界面，如图 4-46 所示。

（4）单击"顶材质"按钮，如同编辑标准材质一样，使顶材质的漫反射颜色为偏黄的颜色。

（5）单击"底材质"按钮，使底材质的漫反射颜色为偏蓝的颜色。

（6）设置"位置"的值为 50。

（7）单击█按钮，将材质赋予球体，单击主工具栏上的█按钮进行渲染，效果如图 4-47所示。

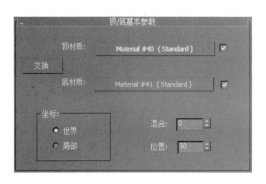

图 4-46　顶/底材质参数面板

图 4-47　赋予材质后的球体

4.3　光　线　跟　踪

"光线跟踪"以模拟真实世界中光的某些物理性质为最终目的。"光线跟踪"常被用来表现透明物体的物理特性。对现实世界的材质模拟,大多通过贴图中的反射和折射进行设置,光线跟踪效果使用比较多,效果也比较好。除此之外,还有其他发射和折射效果。

4.3.1　光线跟踪

1. "光线跟踪"材质

在材质编辑器对话框中,单击 Standard 按钮,弹出"材质/贴图浏览器"对话框,双击"光线跟踪",将出现相应的卷展栏。

1)"光线跟踪基本参数"卷展栏

光线跟踪基本参数面板如图 4-48 所示。

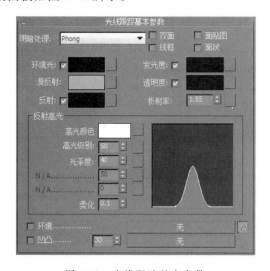

图 4-48　光线跟踪基本参数

发光度:可调节对象的自发光数值,也可以通过颜色来调节。

透明度:可调节对象的不透明度数值,也可以通过颜色来调节。

环境光：可设置环境贴图。

小提示：其他参数同 Standard(标准材质)。

2)"扩展参数"卷展栏

扩展参数面板如图 4-49 所示。

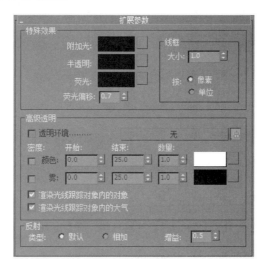

图 4-49　扩展参数

"特殊效果"中包括以下几个参数：

附加光：反射的光线颜色。

半透明：产生半透明效果,并设定颜色。

荧光：制作物体发光的效果,并可以设定颜色。

荧光偏移：设置荧光的偏移程度。

高级透明：对透明进行细致的调节。调节密度或折射率等。

2. 光线跟踪贴图

在材质编辑器窗口单击 按钮,在弹出的对话框中,选择"光线跟踪贴图",即可出现下列参数面板。

1)"光线跟踪器参数"卷展栏

光线跟踪器参数面板如图 4-50 所示。

启用光线跟踪：决定是否使用"光线跟踪"。

光线跟踪大气：启用或禁用大气效果的光线跟踪。大气效果包括火、雾、体积光等等。默认设置为启用。

启用自反射/折射：此开关选项决定是否使用自反射和自折射。

反射/折射材质 ID：决定是否指定 ID 相对效果。

跟踪模式：设置光线跟踪的计算方式。

• 自动检测：自动设置反折射。

• 反射：只进行反射计算。

图 4-50　光线跟踪器参数

- 折射：只进行折射计算。

局部排除：设置场景中的某些物体是否进行反射/折射运算。

背景：设置背景。

- 使用环境设置：使用环境设置选项作为默认背景。
- 颜色：指定某种颜色作为背景。

"无"按钮：指定一种贴图作为背景。

全局禁用光线抗锯齿：设置"光线跟踪"的抗锯齿选项。

2)"衰减"卷展栏

衰减参数面板如图 4-51 所示。

图 4-51　衰减参数

衰减类型：设置反射部分的衰减效果。

范围：开始范围以世界单位计的衰减开始的距离。默认设置为 0.0。结束范围设置以世界单位计的光线完全衰减的距离。默认设置为 100.0。

颜色：这些控件影响光线衰减时的行为方式。默认情况下，随着光线的衰减，它会渲染为背景色。可以设置自定义颜色。

自定义衰减：除非将"衰减类型"设置为"自定义衰减"，否则以下这些控件会一直处于非活动状态。

3)"基本材质扩展"卷展栏

基本材质扩展参数面板如图 4-52 所示。

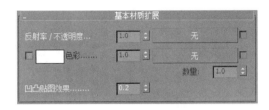

图 4-52　基本材质扩展参数

反射率/不透明度：调节"光线跟踪"反射部分的强度。

色彩：设置反射部分的颜色，可指定颜色或用图像来决定其颜色。

4)"折射材质扩展"卷展栏

折射材质扩展参数面板如图 4-53 所示。

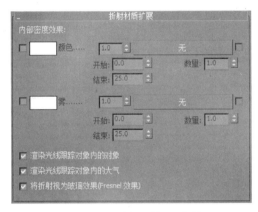

图 4-53　折射材质扩展参数

颜色：设置折射部分的密度和颜色。

雾：在光线跟踪中添加雾效果。

3.　"光线跟踪"实例

　利用"光线跟踪"材质制作不同颜色的玻璃球效果

下面将通过一个实例，介绍"光线跟踪"材质的用法和效果。在该实例中，要实现如图 4-54 所示的玻璃球效果，步骤如下：

图 4-54　光线跟踪实例效果图

1) 创建地面和小球

(1) 在透视图中创建一个"平面",大小为 800×500 像素。

(2) 在透视图分别创建 5 个基本模型,如图 4-55 所示。

2) 给地面赋予材质

(1) 按 M 键,打开"材质编辑器"窗口,选择一个样本球,命名为"地面",把地面材质将"高光级别"和"光泽度"都设置为 0,如图 4-56 所示。

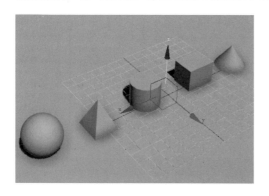

图 4-55　地面和小球

图 4-56　地面材质参数设置

(2) 在"贴图"卷展栏中的"漫反射颜色"贴图中增加一张地板贴图,如图 4-57 所示。

(3) 在贴图按钮上右击,出现如图 4-58 所示的菜单,选择"复制"命令,在"凹凸"后的按钮上右击,选择"粘贴"命令,设置前面的值为 30。

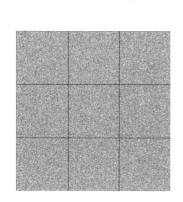

图 4-57　地面贴图

图 4-58　材质关联复制

(4) 在"高光颜色"贴图中增加"光线跟踪贴图",前面的值设置为 100,如图 4-59 所示。

(5) 把"地面"材质赋予平面,效果如图 4-60 所示。

3) 设置玻璃球

(1) 在样本窗中选择一个空白样本球,命名为"玻璃球"。

(2) 单击 Standard 按钮,在弹出的对话框中选择"光线跟踪"材质。

(3) 将"漫反射颜色"设置为黑色,"透明度"设置为白色即可得到透明效果。

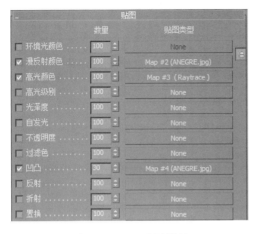

图4-59 地面贴图设置

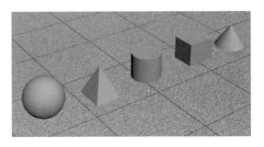

图4-60 赋予材质后的地面

（4）将"高光级别"和"光泽度"分别设置为250、80，参数设置如图4-61所示。

（5）打开"贴图"卷展栏，单击"反射"后的按钮，出现对话框，选择"衰减"贴图，如图4-62所示。

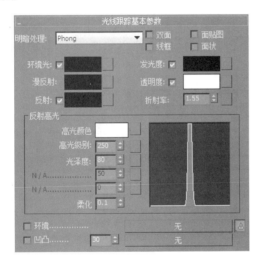

图4-61 玻璃球材质设置

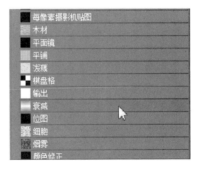

图4-62 选择"衰减"贴图

（6）"贴图"卷展栏中参数设置如图4-63所示。把设置好的"玻璃球"材质赋予第一个小球，渲染效果如图4-64所示。

图4-63 玻璃球材质的"贴图"卷展栏

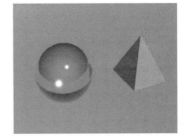

图4-64 赋予材质后效果

> **小提示**：在光线跟踪里制作带有颜色的透明效果，颜色是在透明颜色里添加，而不是在漫反射中添加。

4）设置环境贴图

（1）按下 8 快捷键打开"环境和效果"对话框，如图 4-65 所示。

（2）单击"环境贴图"下的按钮，为环境设置一个如图 4-66 所示的贴图。

图 4-65　"环境和效果"对话框

图 4-66　环境贴图

（3）把这个贴图拖入材质编辑器的一个空白样本球上，会弹出如图 4-67 所示的对话框，单击"确定"按钮，出现图 4-68 所示的界面。

图 4-67　复制环境贴图对话框

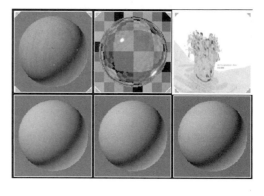

图 4-68　样本球

（4）把贴图方式修改为"球形环境"，如图 4-69 所示。

> **小提示**：之所以选择"实例复制"的方式，为了对环境贴图进行更为精细的设计，把环境贴图拖入材质编辑器的一个空白样本球上，利用材质编辑器的强大功能进行环境贴图编辑。

（5）赋予环境贴图后，再渲染场景，效果如图 4-70 所示。这时发现小球比没环境贴图时更亮了。

图 4-69　样本球坐标类型为"球形环境"

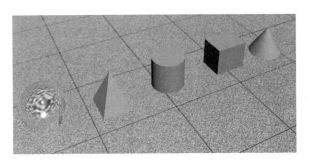

图 4-70　模型

> **小提示**：小球之所以变亮是因为使用光线跟踪材质后,会对环境光和其他物体的材质和光线进行综合计算,模拟自然光线的效果。

5）将玻璃材质进行复制

（1）在材质编辑器中,选中设置好的"玻璃球"样本球,将之拖到其他空白样本球上进行复制,复制 4 个,并分别重命名样本球。

（2）在"光线跟踪基本参数"的界面中,调节"透明颜色"设置,4 个样本球分别设置为从绿、紫、红、黄的 4 种颜色,如图 4-71 所示。

> **注意**："透明"颜色不要太深,避免不透明而失去玻璃的效果。

（3）把设置好的 4 个样本球,依次赋予场景中的其余 4 个模型,渲染场景,效果如图 4-72 所示。

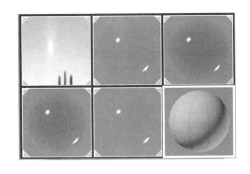

图 4-71　材质贴图浏览器

图 4-72　材质贴图浏览器

4.3.2　反射和折射

"反射/折射"类型贴图被称为其他贴图,它们用来处理反射和折射效果,每一种贴图都有明确的用途。反射/折射类型的贴图包括"平面镜"贴图、"光线跟踪"贴图、"反射/折射"贴图和"薄壁折射"贴图等。下面主要介绍"平面镜"贴图和"反射/折射"贴图。

1. "平面镜"贴图

"平面镜"贴图的效果和参数卷展栏如图 4-73 所示。

图 4-73　材质贴图浏览器

"平面镜"贴图使用一组共面的表面来反射周围环境的对象物体,它使用在反射贴图通道中。平面镜贴图自动计算周围反射的对象,与生活中的镜子相似。如果表面不是共面的,则它不会产生应有的效果。

使用镜面反射贴图要遵循下面的规则:

(1) 只指定"平面镜"到所选的面。可以应用"多维/子对象"材质的子材质,或者使用面片的 ID 号控制。

(2) 如果指定"平面镜"贴图到多个面,则这些面必须是共面的。

(3) 相同对象的不共面的面不能指定相同的"平面镜"贴图,即它必须使用"多维/子对象"类型的材质。

(4) 指定到子材质的"平面镜"贴图的材质 ID 号对于对象共面的面必须是唯一的。

2. "反射/折射"贴图

"反射/折射"贴图能够创建在对象上反射和折射另一个对象影子的效果,它从对象的每个轴产生渲染图像,就像立方体的一个表面上的图像,然后把这些被称为立方体贴图的渲染图像投影到对象上。"反射/折射"贴图的效果和参数卷展栏如图 4-74 所示。

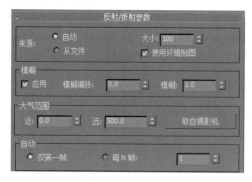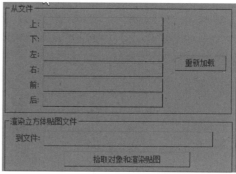

图 4-74　材质贴图浏览器

(1) "来源"选项组:选择立方体贴图的来源。

"自动"选项可以自动生成这些从 6 个对象轴渲染的图像。

"从文件"选项可以从 6 个文件中载入渲染的图像,这将激活"从文件"选项组中的按钮,可以使用它们载入相应方向的渲染图像。

"大小"参数设置反射/折射贴图的尺寸,默认值为100。

"使用环境贴图"复选框未选中时,在渲染反射/折射贴图时将忽略背景贴图。

(2)"模糊"选项组:对反射/折射贴图应用模糊效果。

"模糊偏移"参数用来模糊整个贴图效果。

"模糊"参数是基于距离对象的远近来模糊贴图。

(3)"大气范围"选项组:如果场景中包括环境雾,为了正确地渲染出雾效果,必须指定在"近"和"远"参数中设定距对象近范围和远范围,还可以单击"取自摄影机"按钮来使用一个摄影机中设定的远近大气范围设置。

(4)"自动"选项组:只有在"来源"选项组中选择"自动"单选按钮时才处于可用状态。

"仅第一帧"单选按钮使渲染器自动生成在第一帧的"反射/折射"贴图。

"每 N 帧"单选按钮告诉渲染器每隔几帧自动渲染反射/折射贴图。

(5)"渲染立方体贴图文件"选项组。

"到文件"按钮为"上"贴图选择一个文件名称。"拾取对象和渲染贴图"按钮只有选择一个文件时才可以使用,用来选择一个作为立方体贴图的贴图对象。

3.反射折射实例

 平面镜、反射、折射实例

下面将通过一个具体的实例,展示"平面镜贴图"和"反射/折射贴图",具体步骤如下:

1)创建模型

(1)在透视图中,创建几个几何体,包括一个平面、一个竖直的立方体、两个圆柱体、一个茶壶和一个多面体,效果如图 4-75 所示。

(2)把平面作为地面,给地面赋予漫反射贴图,效果如图 4-76 所示。

图 4-75 建模效果

图 4-76 地面贴图后效果

注意:如图 4-56 所示的地面并没有反射其他物体的光线,为了实现这一效果,需要为"地面"材质赋予"平面镜"贴图。

2)地面添加"平面镜"贴图

(1)选中"地面"材质的样本球,打开"贴图"卷展栏,单击"反射"后的按钮,出现如图 4-77 所示的对话框。

(2)选择"平面镜",确定后如图 4-78 所示,参数设置为 30。

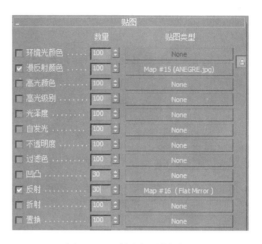

图 4-77　选择平面镜贴图　　　　　　　　　　图 4-78　贴图卷展栏设置

（3）单击主工具栏上的 🍵 按钮，对场景进行渲染，发现地面已经反射了场景中其他物体的光线。如图 4-79 所示。

3）把竖直立方体设置为平面镜

（1）选中竖直的立方体，在材质编辑器中，打开"贴图"卷展栏，单击"反射"按钮，添加"平面镜"贴图。

（2）出现如图 4-80 所示的平面镜贴图参数面板，选中"应用于带 ID 的面"复选框，后面的框填入 3。

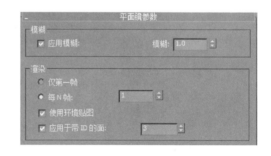

图 4-79　地面添加平面镜贴图后效果　　　　图 4-80　平面镜贴图参数设置

　　注意：如图直接为立方体添加平面镜贴图，渲染时没有任何效果。在设置时，需要把平面镜贴图赋予立方体的一个面。在此，要把朝向茶壶的这个面作为镜面。通过编辑网格查看，这个面的 ID 号为 3。

（3）设置完毕后，渲染效果如图 4-81 所示。

4）为其他曲面添加"反射/折射"贴图

（1）为茶壶为设置金属材质，操作方式同 4.1.1 节介绍的金属材质制作方法。

（2）打开"贴图"卷展栏，为"反射"添加了"反射/折射"贴图，如图 4-82 所示。

图 4-81　长方体添加平面镜贴图后效果

图 4-82　"反射/折射"贴图参数设置

> **注意**：为了使场景中的其他物体也能反射光线，产生真实感，在为其他物体贴图时，"反射"一项赋予"反射/折射"贴图。且此贴图效果只对曲面作用显著。

5）"折射"添加光线跟踪贴图

（1）在"贴图"卷展栏中，为"折射"添加光线跟踪贴图。

（2）单击  按钮，茶壶就添加了折射贴图。效果如图 4-83 所示。

图 4-83　茶壶添加"反射/折射"贴图后的效果

> **注意**：除去"反射"一项可以添加"平面镜"贴图、"反射/折射"贴图、"光线跟踪"贴图以外，为了更贴近自然效果，"贴图"卷展栏中"折射"也需要添加贴图，但一般添加"光线跟踪"贴图即可。

4.4　贴图类型及贴图坐标

贴图是应用在材质概念下的，材质的某种特性可以使用相关的贴图来体现，例如金属光泽就是应用了"反射"贴图、凹凸不平的材质就应用了"凹凸"贴图等。

4.4.1　UVW 展开贴图

1. UVW 贴图坐标

当赋予物体材质和贴图后，有时会发现指定的贴图并不能很好地适配于物体。这是为什么呢？这是因为贴图缺少一种能与物体相匹配的坐标，这个坐标就是 UVW 坐标。UVW 贴图是 3ds Max 对物体赋予图像的操作过程之一。它可以决定图像添加的方向、比例、数量等。UVW 坐标相当于物体的 xyz 轴坐标，它分别指向三个方向。

2."UVW 贴图"参数面板

在视图中选中任一物体，转到修改面板，如图 4-84 所示，应用修改器"UVW 贴图"。UVW 贴图参数面板如图 4-85 所示。

图 4-84　修改器"UVW 贴图" 　　　　　　　图 4-85　UVW 贴图中文面板

贴图方式：它是用来选择贴图类型的工具。针对不同的物体，贴图类型也有所不同。

平面：从对象上的一个平面投影贴图，在某种程度上类似于投影幻灯片。在需要对对象贴图的一侧时，会使用平面投影。它还用于倾斜地在多个侧面贴图，以及用于对对称对象的两个侧面贴图，如图 4-86 所示。

柱形：从圆柱体投影贴图，使用它包裹对象。位图接合处的缝是可见的，除非使用无缝贴图。圆柱形投影用于基本形状为圆柱形的对象，如图 4-87 所示。

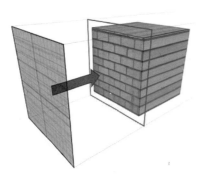

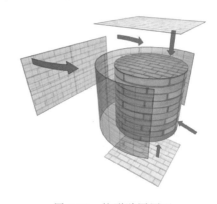

图 4-86　平面贴图原理 　　　　　　　　　图 4-87　柱形贴图原理

封口：对圆柱体封口应用平面贴图坐标。注意如果对象几何体的两端与侧面没有成正确角度，那么"封口"投影会扩散到对象的侧面上。

球形：通过从球体投影贴图来包围对象。在球体顶部和底部，位图边与球体两极交汇处会看到缝和贴图奇点。球形投影用于基本形状为球形的对象，如图4-88所示。

收缩包裹：使用球形贴图，但是它会截去贴图的各个角，然后在一个单独极点将它们全部结合在一起，仅创建一个奇点。收缩包裹贴图用于隐藏贴图奇点，如图4-89所示。

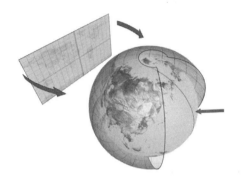

图 4-88　球形贴图原理

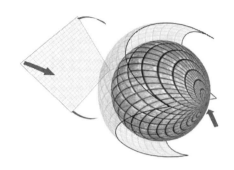

图 4-89　收缩包裹贴图原理

长方体：从长方体的六个侧面投影贴图。每个侧面投影为一个平面贴图，且表面上的效果取决于曲面法线。从其法线几乎与其每个面的法线平行的最接近长方体的表面贴图每个面，如图4-90所示。

面：对对象的每个面应用贴图副本。使用完整矩形贴图来贴图共享隐藏边的成对面。使用贴图的矩形部分贴图不带隐藏边的单个面，如图4-91所示。

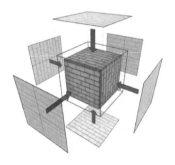

图 4-90　长方体贴图原理

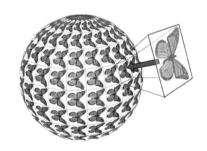

图 4-91　面贴图原理

XYZ到UVW：将3D程序坐标贴图到UVW坐标。这会将程序纹理贴到表面。如果表面被拉伸，则3D程序贴图也被拉伸。对于包含动画拓扑的对象，请结合程序纹理（如"细胞"）使用此选项，如图4-92所示。

> **注意**：如果在"材质编辑器"的"坐标"卷展栏中，将贴图的"源"设置为"显式贴图通道"。在材质和"UVW贴图"修改器中使用相同贴图通道。

长度/宽度/高度：设置UVW Map次物体Gizmo大小。

图 4-92　XYZ 到 UVW 贴图原理

U/V/W 方向平铺数：设置三个方向贴图的平铺数量。指定"UVW 贴图"Gizmo 的尺寸。在应用修改器时，贴图图标的默认缩放由对象的最大尺寸定义。可以在 Gizmo 层级设置投影的动画。

> **注意：**"高度"尺寸对于平面 Gizmo 不适用：它没有深度。同样，"圆柱形""球形"和"收缩包裹"贴图的尺寸都显示它们的边界框而不是它们的半径。对于"面"贴图没有可用的尺寸：几何体上的每个面都包含完整的贴图。

翻转：绕给定轴反转图像。

真实世界贴图大小：控制应用于该对象的纹理贴图材质所使用的缩放方法。缩放值由位于应用材质的"坐标"卷展栏中的"使用真实世界比例"设置控制。默认设置为启用。启用时，"长度""宽度""高度"和"平铺"微调器不可用。

4.4.2　2D 贴图

3ds Max 提供了多种不同的贴图方式，这些贴图方式中既包括 2D Maps 平面图像贴图，也包括 3D Maps 三维程序贴图。2D Maps 贴图类型使用现有的图像文件直接投影到对象的表面，这些图像文件既可以由其他图像处理程序创建，也可以通过扫描照片或数码相机从真实世界中获取。与材质的层级结构相似，任何一个贴图既可以使用单一的贴图方式，也可以由多个贴图层级构成。

3ds Max 中的贴图包括 combustion、Perlin、大理石、RGB 染色、RGB 相乘、凹痕、斑点、薄壁折射、波浪、大理石、顶点颜色、法线凹凸、反射/折射、光线跟踪、合成、灰泥、混合、渐变、渐变坡度、粒子年龄、粒子运动模糊、每像素摄影机贴图、木材、平面镜、平铺、泼溅、棋盘格、输出、衰减、位图、细胞、行星、烟雾、噪波、遮罩、旋涡。

1. 2D 贴图

二维贴图用于在二维平面上进行贴图控制，既可以在对象表面贴图，也可以作为环境贴图创建场景背景。在视图中选中任一物体，按 M 键，出现材质编辑器，单击"漫反射"按钮后的灰色按钮，贴图类型选择"2D 贴图"，出现如图 4-93 所示的对话框。

图 4-93　2D 贴图类型

2. 2D 贴图坐标参数

大多数的二维贴图都包括下面两个公共卷展栏。2D 贴图是二维图像,它们通常贴图到几何对象的表面,或用作环境贴图来为场景创建背景。最简单的 2D 贴图是位图;其他种类的 2D 贴图按程序生成。应用任意一个 2D 贴图,都会出现"坐标"卷展栏,如图 4-94 所示为对一个物体应用"渐变"贴图,"坐标"卷展栏如图 4-95 所示。

图 4-94　应用"渐变"贴图

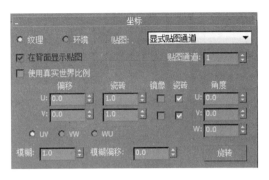

图 4-95　贴图"坐标"卷展栏

纹理:选中该选项后,以纹理贴图方式将贴图类型指定到对象的表面,可以从"贴图"下拉列表框中选择一种坐标类型。

环境:在场景中以平面背景方式投射贴图。

贴图:依据选中的"纹理"或"环境"选项在下拉列表框中可以选择一种贴图类型。

显式贴图通道:选择类型后,贴图通道输入框被激活,可以指定的贴图通道从 1~99。

节点色彩通道:使用指定的节点色彩作为贴图通道。

基于对象 XYZ 的平面:基于对象的局部坐标系指定平面贴图,在渲染过程中平面贴图不能投射到对象的背面。

基于世界 XYZ 的平面:基于世界坐标系指定平面贴图,在渲染过程中平面贴图不能投射到对象的背面。

在背面显示贴图:选中该选项后,当选择平面贴图方式时在渲染过程中可以在对象的背面显示。

偏移:改变贴图在 UV 贴图坐标系中的位置。

UV/VW/WU:选择不同的坐标系统。

镜像:在 U 轴向可以左右镜像贴图;在 V 轴向可以上下镜像贴图。

瓷砖:指定贴图在每个轴向上的重复次数,在右侧有一个复选框用于指定是否激活重复操作,如图 4-96 和图 4-97 所示。

旋转:单击该按钮将显示"旋转贴图坐标"对话框,可以直观地拖动鼠标旋转贴图。

模糊:依据贴图距离视图对其进行模糊处理,距离越远模糊强度越高。利用该参数可以对贴图进行抗锯齿处理。

模糊偏移:对贴图进行模糊处理,与贴图距离视图的距离无关。利用该参数可以对贴图进行抗锯齿或者散焦处理。

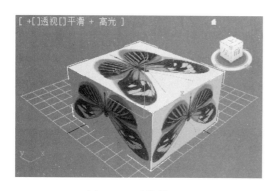
图 4-96　平铺值为 1

图 4-97　U 向平铺值为 2

3. 2D 贴图类型

在如图 4-98 所示的界面中,包含了所有的 2D 贴图类型,具体如下:

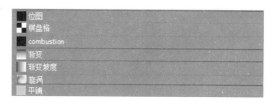

图 4-98　2D 贴图

（1）位图：图像以很多静止图像文件格式之一保存为像素阵列,如(.tga 或.bmp 等)或动画文件(如.avi、.mov 或.ifl)。动画本质上是静态图像的序列。可将 3ds Max 支持的任一位图(或动画)文件类型用作材质中的位图,效果如图 4-99 所示。

（2）棋盘格：方格图案组合为两种颜色。也可以通过贴图替换颜色,效果如图 4-100 所示。

图 4-99　位图贴图效果

图 4-100　棋盘格贴图效果

（3）combustion：与 Autodesk Combustion 产品配合使用。可以在位图或对象上直接绘制并且在"材质编辑器"和视图中可以看到效果更新。该贴图可以包括其他 Combustion 效果。绘制并且可以将其他效果设置为动画。

（4）渐变：创建三种颜色的线性或径向坡度,效果如图 4-101 所示。

（5）渐变坡度：使用许多的颜色、贴图和混合，创建各种坡度，效果如图 4-102 所示。

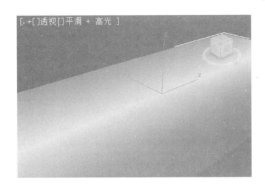

图 4-101　渐变贴图效果　　　　　　　　　　　图 4-102　渐变坡度贴图效果

（6）旋涡：创建两种颜色或贴图的旋涡（螺旋）图案，效果如图 4-103 所示。

（7）平铺：使用颜色或材质贴图创建砖或其他平铺材质。通常包括已定义的建筑砖图案，也可以自定义图案，效果如图 4-104 所示。

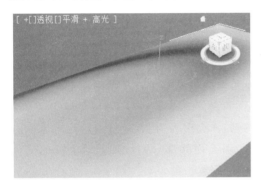

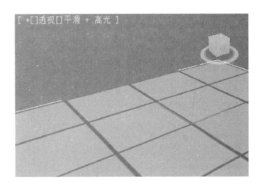

图 4-103　旋涡贴图效果　　　　　　　　　　　图 4-104　平铺贴图效果

4.4.3　3D 贴图

1. 3D 贴图

三维贴图在三维空间中进行贴图控制，计算机依据指定的参数自动随机生成贴图。这种贴图类型不需要指定贴图坐标，而且贴图不仅仅局限在对象的表面，对象从内到外都进行了贴图指定。在 3ds Max 中包括以下三维贴图类型：细胞增殖贴图、凹陷贴图、衰减贴图、大理石贴图、噪波贴图、粒子周期贴图、粒子运动虚化贴图、珍珠岩贴图、烟雾贴图、斑纹贴图、斑点贴图、灰泥贴图、水贴图以及木纹贴图。

2. 贴图坐标参数

在三维贴图中都有"坐标"卷展栏。应用"细胞"贴图，如图 4-105 所示，材质编辑器中出现如图 4-106 所示的"坐标"卷展栏。

贴图通道：在"来源"列表中选择外部贴图通道后，该选项被激活，可以选择从 1～99，共 99 个外部贴图通道。

图 4-105　应用"细胞"贴图　　　　　　　　图 4-106　三维贴图坐标参数

偏移：改变贴图在 UV 贴图坐标系中的位置。

瓷砖：指定贴图在每个轴向上的重复平铺次数。

角度：依据 U/V/W 轴向旋转贴图。

模糊：依据贴图与视图的距离对其进行模糊处理，距离越远模糊强度越高。利用该参数可以对贴图进行抗锯齿处理。

模糊偏移：对贴图进行模糊处理，与贴图距离视图的距离无关，利用该参数可以对贴图进行抗锯齿或散焦处理。

3D 贴图类型通过各种参数的控制由计算机自动随机生成贴图。3D 贴图类型不需要指定贴图坐标，而且贴图不仅仅局限在对象的表面，对象从内到外都进行了贴图指定。

3.　3D 贴图类型

3D 贴图是根据程序以三维方式生成的图案。例如，"大理石"拥有通过指定几何体生成的纹理。如果将指定纹理的大理石对象切除一部分，那么切除部分的纹理与对象其他部分的纹理一致。在视图中选中任一物体，按 M 键，出现材质编辑器，单击"漫反射"按钮后的灰色按钮，贴图类型选择"3D 贴图"，出现如图 4-107 所示的对话框，右侧列出了在 3ds Max 中可用的 3D 贴图，选择相应的贴图类型即可应用到场景中。

图 4-107　材质贴图浏览器

细胞：生成用于各种视觉效果的细胞图案，包括马赛克平铺、鹅卵石表面和海洋表面。图 4-108 为应用该项贴图的效果图。

凹痕：在曲面上生成三维凹凸。图 4-109 为应用该项贴图的效果图。

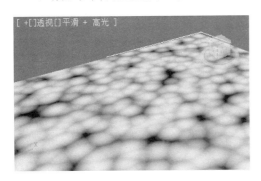

图 4-108　细胞贴图效果

图 4-109　凹痕贴图效果

衰减：基于几何体曲面上面法线的角度衰减生成从白色到黑色的值。在创建不透明的衰减效果时，衰减贴图提供了更大的灵活性。其他效果包括"阴影/灯光""距离混合"和 Fresnel。

大理石：使用两个显式颜色和第三个中间色模拟大理石的纹理。

噪波：噪波是 3D 形式的湍流图案。与 2D 形式的棋盘一样，其基于两种颜色，每一种颜色都可以设置贴图。

粒子年龄：基于粒子的寿命更改粒子的颜色（或贴图）。

粒子运动模糊：基于粒子的移动速率更改其前端和尾部的不透明度。

Perlin 大理石：带有湍流图案的备用程序大理石贴图。

行星：模拟空间角度的行星轮廓。

烟雾：生成基于分形的湍流图案，以模拟一束光的烟雾效果或其他云雾状流动贴图效果。

斑点：生成带斑点的曲面，用于创建可以模拟花岗石和类似材质的带有图案的曲面。

灰泥：生成类似于灰泥的分形图案。

泼溅：生成类似于泼墨画的分形图案。

波浪：通过生成许多球形波浪中心并随机分布生成水波纹或波形效果。

木材：创建 3D 木材纹理图案。

4.5　材质制作实例

本节通过制作金属材质、玻璃材质、水材质这三种经常被用到的材质类型，展示材质和贴图的制作方法。

4.5.1　金属材质

1. 实例概述

本例中利用"光线跟踪"材质来制作拉丝不锈钢金属的效果，"光线跟踪"材质包含了标准材质所有的特性，并且还可以产生真实的反射、折射效果，因此常用于模拟玻璃、液体、高反射金属等材质的效果。在利用"金属"着色方式制作金属材质时，通常都使用"反射"贴图来模拟材质的反射效果,相比之下,"光线跟踪"材质可以真实地表现材质对周围环境的反射,因此得到的效果更加真实。但是"光线跟踪"材质的渲染速度较慢,适合应用于品质要求较高的场景中。

本实例中的拉丝效果主要利用"凹凸"贴图通道和"噪波"贴图类型进行模拟,使用程序贴图的好处是不需要制作贴图图像,而且拉丝的方向和粗细都很容易控制。

2. 制作过程

1) 创建模型

在透视图中创建一个圆锥体、一个球体和一个切角长方体,如图 4-110 所示。

2) 使用光线跟踪材质

(1) 打开材质编辑器,选取一个空白样本球赋予场景中的"几何体"模型。

(2) 单击 Standard 按钮,在弹出的"材质/贴图浏览器"中将材质类型设置为"光线跟踪"。

(3) 展开"光线跟踪基本参数"卷展栏,在"明暗处理"下拉列表框中选择着色方式为"各向异性"。

(4) 取消选中"反射"复选框,然后设置参数为 80。

(5) 设置"漫反射"颜色为"190,190,190",折射率参数为 1。

(6) 在"反射高光"选项组中设置"高光级别"参数为 110,"光泽度"参数为 5。

(7) "各向异性"参数为 55,"柔化"参数为 1,如图 4-111 所示。

图 4-110　金属原始模型

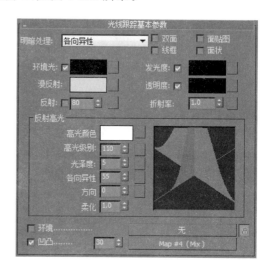

图 4-111　光线跟踪基本参数设置

注意:"各向异性"着色方式可以产生一种拉伸并且具有角度的高光,常用亚光的金属或毛发的高光效果。"各向异性"参数用于控制高光部分的形状,数值越小,高光部分越接近圆形。数值越大,高光部分越狭窄。

3）设置"反射"贴图

（1）展开"贴图"卷展栏，为"反射"贴图通道赋予"衰减"贴图类型。

> **注意**：利用衰减贴图来控制材质的反射强度和反射位置。

（2）进入到"衰减"贴图级别，在"衰减参数"卷展栏中修改白颜色框的颜色为"92,92,92"。

（3）展开"混合曲线"卷展栏后选取左侧的曲线控制点，然后向上移动一段距离，结果如图 4-112 所示。材质编辑器中选中的样本球变为图 4-113 所示。

图 4-112　衰减参数设置

> **注意**：现在类似不锈钢金属的基本质感部分编辑完成了，下面我们开始使用 Noise 贴图类型制作拉丝的效果。

4）设置"凹凸"贴图

（1）返回"贴图"卷展栏，将"凹凸"贴图通道的贴图强度设置为 60。

（2）单击"凹凸"后的 None 按钮，赋予"混合"贴图类型。

（3）进入"混合参数"卷展栏，将"混合量"参数设置为 50，如图 4-114 所示。

图 4-113　金属样本球效果 　　　　　　　　图 4-114　混合参数设置

（4）单击"颜色♯1"后面的 None 按钮，在"材质/贴图浏览器"中赋予"噪波"贴图类型。

（5）进入"噪波"贴图级别，在"坐标"卷展栏中设置 Y 轴的"角度"参数为 10，Z 轴的"平铺"参数为 2000，结果如图 4-115 所示。

（6）展开"噪波参数"卷展栏，在"噪波类型"选项组中选中"分形"单选按钮，然后设置"大小"参数为 400，"低"参数为 0.1，"相位"参数为 -25，结果如图 4-116 所示。

图 4-115　噪波材质坐标卷展栏参数设置

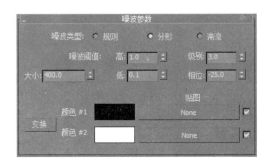

图 4-116　噪波材质参数设置

> **注意**："坐标"卷展栏中的"平铺"参数用于控制拉丝的粗细,数值越大,得到的拉丝效果就越细。
>
> "角度"参数也可以控制拉丝的粗细,但是更主要的作用是控制拉丝的方向,数值为 1 时可以产生平行的拉丝效果。数值越大,拉丝的角度就越大。

(7) 返回到"混合"贴图级别,为"颜色♯2"同样赋予"噪波"贴图类型。

(8) 进入"噪波"贴图级别,在"坐标"卷展栏中设置 Y 轴的"角度"参数为 −10,Z 轴的"平铺"参数为 1000。

(9) 展开"噪波参数"卷展栏,在"噪波类型"选项组中选中"分形"单选按钮,然后设置"大小"参数为 400,"低"参数为 0.1,"相位"参数为 13,如图 4-117 所示。

(10) 把设置好的材质赋予场景中的三个物体,渲染后效果如图 4-118 所示。

图 4-117　二号噪波材质参数设置

图 4-118　拉丝金属效果图

4.5.2　玻璃材质

玻璃材质是生活中经常用到的材质之一,在 3ds Max 软件中可以有若干种方法来实现此种效果,本节将使用两种办法来实现玻璃材质效果。

1. 用光线跟踪贴图实现玻璃效果

1）创建模型

在透视图中首先创建一个平面，再创建一个茶壶和一个环形结，如图 4-119 所示。

2）为地面赋予材质

（1）把创建的平面作为地面，下面为地面赋予材质。

（2）打开材质编辑器，选择一个空白样本球，打开"贴图"卷展栏，单击"漫反射颜色"后的按钮，选择一张图片 ANEGRE.JPG。

（3）单击"反射"后的 None 按钮，选择"平面镜"贴图，设置如图 4-120 所示。

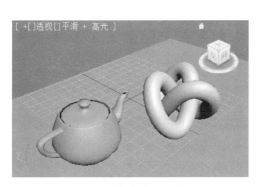

图 4-119　创建贴图用模型

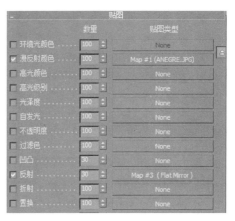

图 4-120　地面材质设置

（4）把设置好的地面材质赋予创建的平面，效果如图 4-121 所示。可观察到地面添加了木纹贴图，并且能反射茶壶等物体的光线。

3）设置"光线跟踪"材质

地面设置完成以后，就开始设置玻璃材质。

（1）在材质编辑器中，选择一个空白样本窗，命名为"玻璃"。

（2）单击 Standard 按钮，选择"光线跟踪"贴图。

（3）"光线跟踪基本参数"设置如图 4-122 所示。将透明颜色设置为白色即将得到透明效果，将高光级别和光泽度分别设置为 250 和 80。

图 4-121　地面贴图后效果

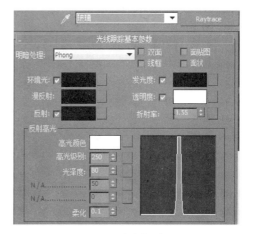

图 4-122　玻璃材质设置

4) 为"反射"设置"衰减"贴图

(1) 打开"贴图"卷展栏,单击"反射"后的按钮,选择"衰减"贴图。

(2) 前面的值修改为 20,设置如图 4-123 所示。

(3) 把设置好的材质赋予场景中的茶壶和环形结,渲染后效果如图 4-124 所示。

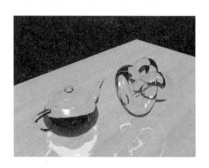

图 4-123　为反射通道添加衰减贴图　　　　图 4-124　贴图后效果

5) 设置环境贴图

在图 4-124 中,尽管实现了玻璃的质感,但是效果比较暗。为了改善亮度,下面为场景添加环境贴图。

(1) 在"渲染"菜单中,选择"环境"命令,在贴图按钮上单击,为环境添加贴图。参考"光线跟踪"实例中对环境的设置方法。

(2) 把贴图直接拖到材质编辑器的一个空白样本球上,再修改为"球形贴图"。样本窗如图 4-125 所示。

(3) 渲染场景效果如图 4-126 所示。可观察到场景中的玻璃物体颜色变亮,且反射了环境中的黄色光线。

图 4-125　环境贴图样本窗　　　　图 4-126　环境贴图后的玻璃修过

2. 用 Mental Ray 内置材质实现玻璃效果

在 3ds Max 软件集成了一个产品级的渲染器,即 Mental Ray 渲染器。该渲染器自带很多直接可用的贴图效果。下面将通过 Mental Ray 渲染器来实现玻璃效果。步骤如下:

1) 启用 Mental Ray 渲染器

(1) 在主工具栏单击"渲染设置"按钮,弹出渲染设置对话框。

(2) 拖动窗口,转到最下方的"指定渲染器",如图 4-127 所示。

（3）在"产品级"渲染器后面单击…按钮，选择"Mental Ray 渲染器"。关闭渲染设置窗口即可。

（4）再回到材质编辑器窗口，单击 Standard 按钮，出现如图 4-128 所示的界面。

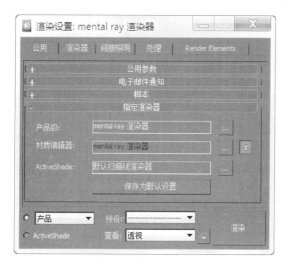

图 4-127　指定渲染器设置

图 4-128　可供选择的 Mental Ray 材质

2）创建模型

在透视图中首先创建一个平面，再创建一个茶壶和一个环形结，如图 4-129 所示。

3）为地面赋予材质

（1）打开材质编辑器，选择一个空白样本球。

（2）打开"贴图"卷展栏，单击"漫反射颜色"后的 None 按钮，选择一张图片 ANEGRE.JPG。

（3）单击"反射"后的 None 按钮，选择"光线跟踪"贴图。设置如图 4-130 所示。

图 4-129　创建模型

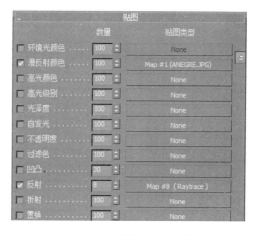

图 4-130　模型中地面贴图

设置好的样本球效果如图 4-131 所示。

（4）把设置好的地面材质赋予创建的平面，渲染后效果如图 4-132 所示。可观察到地面添加了木纹贴图，并且能反射茶壶等物体的光线。

第4章　材质与贴图

图 4-131　地面材质样本窗

图 4-132　地面贴图后效果

4）设置环境贴图

（1）在"渲染"菜单中，选择"环境"命令，单击"环境贴图"下的 None 按钮，为环境添加贴图。

（2）把贴图直接拖到材质编辑器的一个空白样本球上，再修改为球形贴图。再一次渲染场景，效果如图 4-133 所示，发现地面反射其他物体的效果更加明显了。

5）设置玻璃材质

（1）选择一个空白样本球，单击 Standard 按钮，在

图 4-133　地面材质贴图后效果

Mental Ray 卷展栏下有多重玻璃材质，如图 4-134 所示。可以根据需要选择不同种类的玻璃，默认设置如图 4-135 所示。

图 4-134　"玻璃"材质的类型

图 4-135　默认材质参数设置

（2）把设置好的玻璃材质赋予场景中的茶壶和环形结,渲染效果如图 4-136 所示。

图 4-136　Mental Ray 实现的玻璃效果

注意：(1) 从场景中可以看到,Mental Ray 渲染器产生的玻璃效果颜色偏蓝。

(2) 除 Mental Ray 渲染器之外,在 3ds Max 中还经常使用到的产品级渲染器有 Vray 渲染器和巴西渲染器等。不过这些渲染器需要单独购买。

4.5.3　水材质

水材质也是生活中经常用到的材质之一,下面通过实例进行讲解。

1）打开原始文件

（1）打开配套资源中的"水材质.max"文件。

（2）单击主工具栏中的 按钮,选择 Cylinder01,如图 4-137 所示。选中圆柱体后,效果如图 4-138 所示。

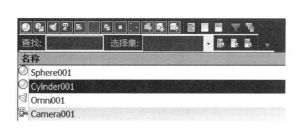

图 4-137　按名称选择界面

图 4-138　水材质的原始文件

注意：在该实例中,要把这个圆柱体设置为具有水面效果,

2）设置材质基本参数

（1）按 M 键打开材质编辑器,选择一个空白样本球。

（2）在基本参数设置栏中,单击 按钮,取消掉环境光和漫反射的关联,把环境光改为"51,51,89",把漫反射改为"0,0,0",如图 4-139 所示。

3）为"凹凸"设置"噪波"贴图

打开"贴图"卷展栏,单击"凹凸"后的 None 按钮,在弹出的对话框中选择"噪波"贴图。噪波贴图的参数设置如图 4-140 所示。

图 4-139　基本参数设置

图 4-140　噪波参数设置

4）为"反射"设置贴图

（1）在"贴图"卷展栏,单击"反射"后的 None 按钮,在弹出的对话框中选择"位图",选择图片 sky.jpg。

（2）把"凹凸"选项的参数值修改为 30,如图 4-141 所示。

5）把材质赋予圆柱体

上述设置完成后,所选择的样本球效果如图 4-142 所示。

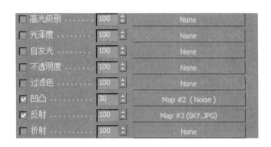
图 4-141　Maps 卷展栏设置

图 4-142　水材质样本球效果

把该材质赋予被选中的圆柱体,渲染后的效果如图 4-143 所示。

图 4-143　实现的水面效果

4.5.4 实例——综合实例练习

家具材质制作

1. 茶几材质的制作

（1）打开 3ds Max，在场景中打开"材质综合实例练习.max"文件，这个场景中包含茶几、画框、茶杯、书籍等几个模型，如图 4-144 所示。

（2）打开材质编辑器，选择第一个样本球，重命名为"木材"，默认材质类型为标准材质。

① 在"明暗器基本参数"中单击打开下拉列表框，设定为 Blinn 模式，如图 4-145 所示。

图 4-144　材质综合实例练习

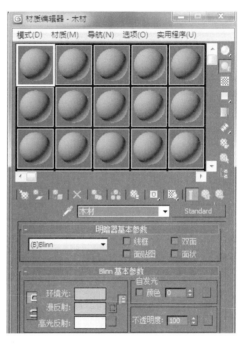

图 4-145　材质编辑器图

② 单击"漫反射"后面的设置按钮，弹出"材质/贴图浏览器"贴图中选择"木材"，并双击，如图 4-146 所示。

③ 选择模型，选择"木材"样本球，单击 ⊞ 按钮，将材质赋予模型物体，效果如图 4-147 所示。

> 如果模型没有显示出相应的材质，只要进入材质编辑器，选择样本球，单击"视口中显示明暗处理材质"⊞ 按钮即可。

（3）单击渲染产品查看最后的渲染，效果如图 4-148 所示。

（4）如果纹理过大，可以通过调整"瓷砖"属性的数值，修改贴图的纹理，如图 4-149 所示，修改"瓷砖"参数之后的效果，如图 4-150 所示。

① 可在"木材参数"中的"颜色"选项中改变桌子的颜色，如图 4-151 所示。

图 4-146　材质综合实例练习

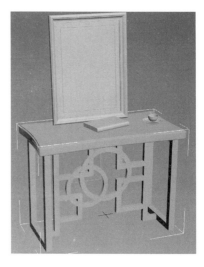

图 4-147　材质综合实例练习

图 4-148　材质综合实例练习

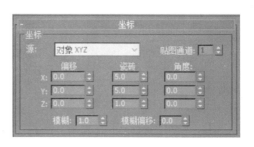

图 4-149　材质综合实例练习

图 4-150　材质综合实例练习

图 4-151　材质综合实例练习

② 单击右上角的渲染图标 可见渲染后的图像,如图 4-152 所示。

③ 选中"桌面"材质的样本球,下拉材质编辑器窗口,打开"贴图"卷展栏,单击"反射"后的按钮,出现图 4-153 所示的对话框。

④ 选择"平面镜",确定后如图 4-154 所示,"数量"参数设置为 30。

图 4-152　材质综合实例练习

图 4-153　选择平面镜贴图

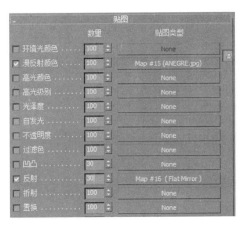

图 4-154　贴图卷展栏设置

（5）单击主工具栏中的 ![按钮] 按钮，对场景进行渲染，可以发现地面已经反射了场景中其他物体的光线。

> 这一部分的内容可以参考 4.3.2 节的内容。

2. 相框的制作

（1）选择画框模型，单击孤立切换按钮 ![图标]（快捷键 Alt＋Q），在孤立模式下观察也可以，更便于对单独物体进行编辑。

（2）在可编辑多边形的元素层级下，选择相框（见图 4-155），单击分离工具（见图 4-156）将模型分离。画框内衬和画布也可以使用同样的方法分离。

图 4-155　选择画框模型

图 4-156　单击"分离"按钮

（3）选择画框模型，打开材质编辑器，选择第一个样本球，重命名为"画框"，默认材质类型为标准材质。在"明暗器基本参数"中单击打开下拉列表框，设定为 Blinn 模式。单击"漫反射"按钮，将颜色改成灰白色，如图 4-157 所示。

① 调整反射光的数值，给材质一点高光，如图 4-158 所示。

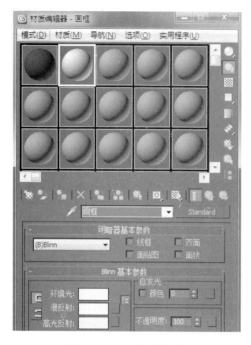

图 4-157　新建样本球

图 4-158　调整"反射高光"的参数

② 最终效果如图 4-159 所示。

（4）然后以同样的方法，将画框内衬赋予颜色。漫反射颜色改为蓝色，如图 4-160 所示。

图 4-159　画框的最终效果

图 4-160　内衬的最终效果

（5）最后选择画面的模型，选择一个样本球，重命名为"油画"，默认材质类型为标准材质。在"明暗器基本参数"中单击打开下拉列表框，设定为 Blinn 模式，如图 4-161 所示。

① 单击"漫反射"后面的设置按钮,弹出"材质/贴图浏览器"贴图,选择"位图",如图 4-162 所示。

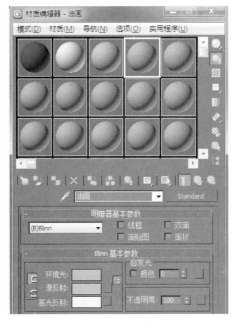

图 4-161　创建"油画"样本球

图 4-162　选择"位图"

② 选择加入素材图片"油画 01.jpg",如图 4-163 所示。

③ 最后效果如图 4-164 所示。

图 4-163　选择"油画 01.jpg"图片

图 4-164　画框最终效果

> 画框部分的材质制作,也可以参考 4.2.3 节的内容。不同分离模型,而是将模型使用材质 ID 编号后,赋予"多维子材质"类型的样本球。

3. 书籍材质的制作

(1) 选择书籍模型,单击孤立切换按钮 [图] (快捷键 Alt+Q),在孤立模式下观察也可以,更便于对单独物体进行编辑。

(2) 先做书本内部书页的材质,选择页数的三个面,如图 4-165 所示。

图 4-165 选择"书页"模型

(3) 打开材质编辑器,选择一个样本球,重命名为"书页",默认材质类型为标准材质。

① 在"明暗器基本参数"中单击打开下拉列表框。单击"漫反射"后面设置按钮进入材质选择界面,选择"平铺"材质,如图 4-166 所示。单击"确定"按钮并赋予给模型,如图 4-167 所示。

图 4-166 添加"平铺"材质

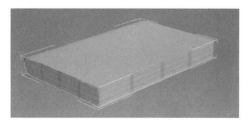

图 4-167 添加"平铺"材质后

② 在材质编辑选中改变"瓷砖"的数量从而改变产生书页的效果,如图 4-168 所示,U 向为 6,V 向为 0,书页最终效果图 4-169 所示。

图 4-168 瓷砖"数量"参数

图 4-169 书页最终效果

（4）选择书籍封面模型，一个样本球，重命名为"封面"，并赋予给模型。

① 给漫反射属性添加"位图"，选择准备好的素材图片"封面.jpg"，如图4-170所示。

② 最后书籍封面效果如图4-171所示。

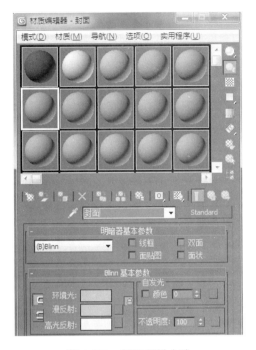

图4-170　"封面"样本球

图4-171　书封面材质效果

书籍封面部分的制作，可以参考4.4节的内容。

（5）再单击孤立切换按钮 ![icon]，即可退出孤立显示模式，查看完整效果。

4．杯子材质的制作

（1）将一个新的样本球命名为"茶杯"。

（2）默认材质类型为标准材质。在"明暗器基本参数"中单击打开下拉列表框，设定为Blinn模式，如图4-172所示。

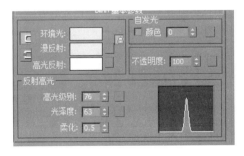

图4-172　漫反射和反射颜色

（3）给予一个瓷器的材质效果，在"漫反射"中改变颜色，再改变材质球下面的"反射高光"参数，最终效果如图 4-173 所示。

（4）将样本球调赋予给模型，显示出现最终效果如图 4-174 所示。

图 4-173　样本球效果

图 4-174　餐具材质效果

4.6　练习与实验

1. 填空题

（1）在 3ds Max 中提供了四种阴影：_____、_____、_____、_____。

（2）任意写出五种 3ds Max 可以保存的平面图形格式_____、_____、_____、_____、_____。

（3）打开材质面板的快捷键是_____，打开动画记录的快捷键是_____，锁定 X 轴的快捷键是_____。

2. 单项选择题

（1）在使用"位图"贴图时，使用"坐标"卷展栏中的（　　）参数可以指定是否重复。

  A. 偏移　　　　　　　B. 平铺　　　　　　　C. 镜像　　　　　　　D. 角点

（2）不属于材质类型的有（　　）。

  A. 标准　　　　　　　B. 双面　　　　　　　C. 变体　　　　　　　D. 位图

（3）（　　）材质类型可以在背景上产生阴影。

  A. 光线跟踪　　　　　B. 混合　　　　　　　C. 变体　　　　　　　D. 投影

（4）（　　）贴图类型可以使用 RGB 通道改变贴图颜色。

  A. 输出　　　　　　　B. RGB 染色　　　　　C. 顶点颜色　　　　　D. 平面镜

3. 多项选择题

（1）下列属于合成贴图类型的有（　　）。

  A. 混合　　　　　　　B. 遮罩　　　　　　　C. 复合　　　　　　　D. 位图

（2）下列选项中属常用的贴图类型有（　　）。

  A. 位图　　　　　　　B. 渐变　　　　　　　C. 双面　　　　　　　D. 方格

（3）下列说法中正确的有（　　　）。

　　A. 可以给材质编辑器样本视窗中的样本类型指定为标准几何体的任意一种

　　B. 在屏蔽贴图中，屏蔽图像中黑色的区域看到的是材质的本色

　　C. 不可以指定材质的自发光颜色

　　D. 可以根据面的 ID 号应用平面镜效果

（4）关于在视窗中添加背景的说法，下列正确的有（　　　）。

　　A. 直接按删除可以将视窗中的背景删除

　　B. 通常用来辅助做图

　　C. 右击添加背景的视窗左上角，在弹的对话框中单击"显示背景"也可以将背景隐藏

　　D. 什么作用也没有

4. 实验题

1）基础实验

（1）请使用"多维/子对象"材质，为一个立方体的四面分别赋予不同的材质。

（2）请创建简单物体，实现玻璃材质的效果。

（3）请建模实现黄色金属的效果。

（4）请制作一个水池的模型，实现水面的效果。

（5）请创建简单模型，尝试各种 Mental Ray 渲染器的材质贴图功能。

2）综合实验

（1）请使用创建面板中的门、窗、AEC 扩展中的墙体，创建一个房子的模型，分别为屋顶、墙体、门、窗赋予材质。

（2）请结合第 3 章介绍的水杯建模过程，为水杯赋予材质，要求水杯内部为白色、外部为红色。

第5章 灯光与摄影机

【学习导入】

随着三维技术的飞速发展,现在的电影中各种三维技术被广泛使用,更出现了许多 3D 动画片,如《冰雪奇缘》《疯狂动物城》等,其中都运用了大量的三维灯光与摄影机技术。3D 摄影机给影片以独立的视角,以 3D 的灯光烘托影片的气氛,给人以真实生动的效果。由此可见,灯光与摄影机的灵活运用在 3D 作品中是必不可少的。

【学习目标】

知识目标:理解灯光与摄影机的概念。

能力目标:具备熟练掌握灯光与摄影机设置的能力。

素质目标:培养学生对 3ds Max 制作的兴趣。

5.1 灯光形态和参数

灯光和摄影机是对真实世界的模拟,从而使场景中的对象产生与现实生活中几乎一致的逼真效果。此外,灯光也是表现场景基调和烘托气氛的重要手段,良好的照明环境不仅能够使场景变得更加生动,更具有表现力,同时还会增加作品的艺术感。

在 3ds Max 中,灯光对象最主要的作用是通过模拟现实世界中的各种光源和投影来照明场景,为场景的几何体提供照明。标准灯光相对简单易用,光度学灯光比较复杂,但可以提供更加真实、精确的照明效果。"日光"和"太阳光"系统可以用来创建室外照明,模拟日光效果和太阳移动。

5.1.1 灯光形态

3ds Max 中,灯光类型分为了标准灯光和光度学灯光,分别如图 5-1 和图 5-2 所示。

图 5-1　标准灯光　　　　　　　　图 5-2　光度学灯光

1．标准灯光

标准灯光属于传统的模拟类灯光，共有泛光灯、聚光灯、平行光灯、天光和 MR 灯光 5 种类型。

1）泛光灯

"泛光灯"类似于灯泡，从单个光源向各个方向投射光线，就像是一个裸露的灯泡所发出的光线，如图 5-3 所示。泛光灯的主要作用是用于模拟灯泡、台灯等点光源物体的发光效果，也常被当作辅助光来照明场景。泛光灯可以投射阴影和投影。

2）聚光灯

"聚光灯"可以被定向和调整大小，像剧院中的舞台灯一样投射聚焦的光束。聚光灯是一种具有方向性和范围性的灯光，如图 5-4 所示，可以用来模拟的典型例证是手电筒、灯罩为锥形的台灯、舞台上的追光灯、军队的探照灯、从窗外投入室内的光线等照明效果，分为圆锥形和矩形两种照射区域。聚光灯又分为目标聚光灯和自由聚光灯两种类型。目标聚光灯拥有一个起始点和一个目标点，起始点表明灯光在场景中所处的位置，而且标点则指向希望得到照明的物体。

3）平行光

"平行光"在单一的方向上投射平行的光线，主要用于模拟太阳光。平行光灯与聚光灯一样具有方向性和范围性，不同的是平行光灯的光线是平行的，所以平行光线呈圆形或矩形棱柱而不是"圆锥体"，如图 5-5 所示。平行光灯的原理就像太阳光，会从相同的角度照射范围以内的所有物体，而不受物体位置的影响。当光线投射阴影时，投影的方向都是相同的，而且都是改物体形状的正交投影。

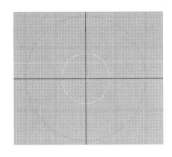

图 5-3　泛光灯

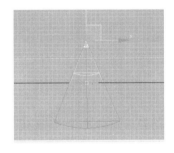

图 5-4　聚光灯

图 5-5　平行光

4）天光

"天光"是一种用于模拟日光照射效果的灯光，它可以从四面八方同时对物体投射光线。天光比较适合用于在开放的室外场景照明。

5）MR 灯光

"MR 灯光"可以模拟各种面积光源的照明效果，因为默认渲染器不支持 MR 灯光的 Mental Ray 阴影贴图，而且也无法渲染出面积光的效果。因此，MR 灯光需要同 Mental Ray 渲染器配合使用才能发挥它的所有功能。

2. 光度学灯光

光度学灯光是使用光能值,通过光能值更精确地定义灯光,可以创建具有各种分布和颜色特性的灯光,或导入照明制造商提供的特定光度学文件。光度学灯光与标准灯光相比主要有以下3个方面的区别:第一,光度学灯光是基于物理数值,可以对实际中的灯光进行真实的模拟;第二,光度学灯光可以使用光域网文件来描述灯光亮度的分布情况;第三,光度学灯光需要与高级照明渲染技术配合才能完全发挥出它的功能。

1)点光源

电光源分为自由点光源和目标点光源两种类型,从一个点向四周发射光源,发光效果类似标准灯光中的泛光灯。两种类型除了一个用于快速定位的目标点外,目标点光源与自由点光源没有其他区别,如图5-6所示。

2)线光源

线光源会从一条线段向四周发射光源,发光效果类似现实世界中的日光灯管。线光源有目标线光源和自由线光源两种类型。目标线性光从直线发射光线,像荧光灯管一样。自由线性灯光没有目标对象,如图5-7所示。

 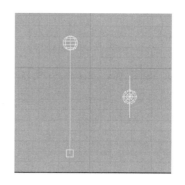

图 5-6　点光源　　　　　　　　　　　　图 5-7　线光源

3)面光源

面光源会从一个矩形的区域向四周发射光源,发光效果类似于灯箱。面光源同样也具有目标面光源和自由面光源两种类型。面光源具有漫反射和光域网两种分布方式,如图5-8所示。

4)IES 太阳光

IES 太阳光是一个用于模拟室外阳光照射效果的强烈光源,同时它也是一种基于自然规律的日照模拟灯光。当与日光系统配合使用时,将根据地理位置、时间和日期自动设置IES 太阳的值,如图5-9所示。

5)IES 天光

IES 天光是基于物理的灯光对象,该对象可以用来模拟天光的大气效果,IES 天光与标准灯光中的天光灯类似,与天光灯不同的是,IES 天光具有基于物理的控制参数,与 IES 太阳光一样用于模拟室外的日照效果。IES 天光可以模拟出大气中离散的天光效果,如图5-10所示。

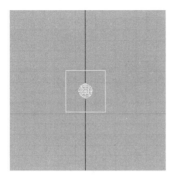

图 5-8　面光源

图 5-9　IES 太阳光

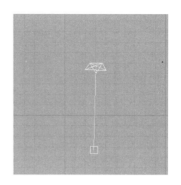

图 5-10　IES 天光

5.1.2　灯光参数

1. 常规参数

"启用"：启用和禁用灯光。当"启用"选项处于启用状态时，使用灯光着色和渲染以照亮场景。当"启用"选项处于禁用状态时，进行着色或渲染时不使用该灯光，如图 5-11 所示。

图 5-11　常规参数

"阴影"组中的"启用"：决定当前灯光是否投射阴影，如图 5-11所示。

"阴影"下拉列表：选择是使用阴影贴图、光线跟踪阴影、高级光线跟踪阴影或区域阴影生成该灯光的阴影。表 5-1 介绍了每种类型的优点和不足。

表 5-1　阴影类型的优点和不足

阴 影 类 型	优　　点	不　　足
高级光线跟踪	支持透明度和不透明度贴图。 使用不少于 RAM 的标准光线跟踪阴影。 建议对复杂场景使用一些灯光或面	比阴影贴图更慢。 不支持柔和阴影。 处理每一帧
区域阴影	支持透明度和不透明度贴图。 使用很少的 RAM。 建议对复杂场景使用一些灯光或面。 支持区域阴影的不同格式	比阴影贴图更慢。 处理每一帧
mental ray 阴影贴图	使用 Mental Ray 渲染器可能比光线跟踪阴影更快	不如光线跟踪阴影精确
光线跟踪阴影	支持透明度和不透明度贴图。 如果不存在对象动画，则只处理一次	可能比阴影贴图更慢。 不支持柔和阴影
阴影贴图	产生柔和阴影。 如果不存在对象动画，则只处理一次。 最快的阴影类型	使用很多 RAM。不支持使用透明度或不透明度贴图的对象

排除：将选定对象排除于灯光效果之外。如想在一个场景中实现一个灯光对影响一个或几个物体并不影响所有场景的效果，就需要用灯光排除的方法，如图 5-11 所示。

"排除/包含"对话框包括以下几个控件，如图 5-12 所示。

排除/包含：决定灯光是否排除或包含右侧列表中已命名的对象。即右侧列表中已命

155

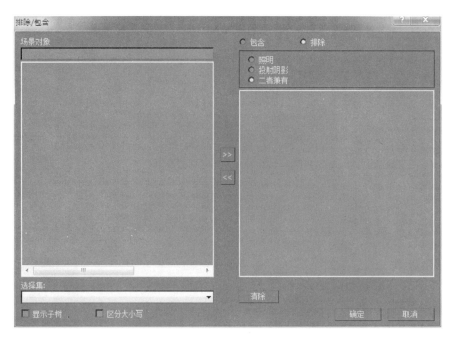

图 5-12　排除/包含

名的对象是否产生灯光效果。

照明:只排除或包含对象表面的灯光照明效果,如图 5-13 所示。

投射阴影:只排除或包含对象的阴影效果,如图 5-14 所示。

图 5-13　排除照明效果

图 5-14　排除阴影效果

二者兼有:排除或包含对象表面的灯光照明效果和阴影效果。

场景对象:选中左边场景对象列表中的对象,然后使用箭头按钮将它们添加至右面的扩展列表中。

"排除/包含"对话框将一个组视为一个对象。通过选择"场景对象"列表中的组名称排除或包含组中的所有对象。如果组嵌套在另一组中,则该组将不显示在"场景对象"列表中。要排除一个被嵌套的组或该组中的某个对象,必须在使用此对话框之前对它们进行解组。

选择集:显示命名选择集列表。通过从此列表中选择一个选择集来选中在"场景对象"列表中的对象。

清除:从右边的"排除/包含"列表中清除所有项。

2. 强度/颜色/衰减参数（如图 5-15 所示）

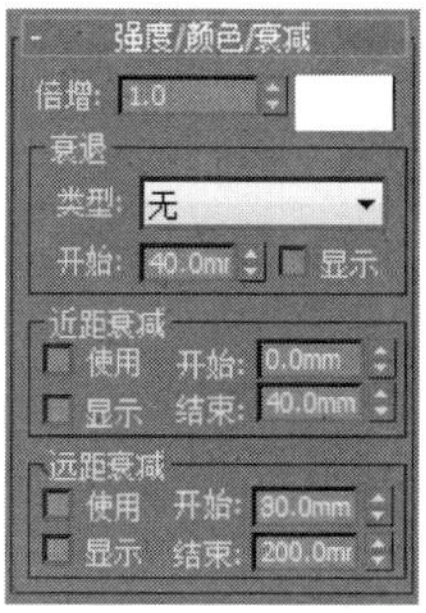

倍增：将灯光的功率放大一个正或负的量。为正时光亮度成倍增加，为负时将对场景进行减除灯光和有选择地放置暗区域。

衰退：是使远处灯光强度减小的另一种方法。在现实世界中，灯光的强度将随着距离的加长而减弱。远离光源的对象看起来更暗；距离光源较近的对象看起来更亮。这种效果称为衰减。

类型：选择要使用的衰退类型。有三种类型可选择。

- 无：默认设置，不应用衰退。从其源到无穷大灯光仍然保持全部强度，除非启用远距衰减。

图 5-15　强度/颜色/衰减参数

- 反向：应用反向衰退。公式亮度为 R_0/R，其中 R_0 为灯光的径向源（如果不使用衰减），为灯光的"近距结束"值（如果不使用衰减）。R 为与 R_0 照明曲面的径向距离，如图 5-16 所示。

- 平方反比：应用平方反比衰退。该公式为$(R_0/R)2$。实际上这是灯光的"真实"衰退，但在计算机图形中可能很难查找，如图 5-16 所示。

图 5-16　反向衰退和平方反比衰退

"近距衰减"组"开始"：设置灯光开始淡入的距离。

"近距衰减"组"结束"：设置灯光达到其全值的距离。

对于聚光灯，衰减范围看起来好像圆锥体的镜头形部分。对于平行光，范围看起来好像圆锥体的圆形部分。对于启用"泛光化"的泛光灯和聚光灯或平行光，范围看起来好像球形。默认情况下，"近距开始"为深蓝色并且"近距结束"为浅蓝色。

"远距衰减"组"开始"：设置灯光开始淡出的距离。

"远距衰减"组"结束"：设置灯光减为 0 的距离。

3. 高级效果（如图 5-17 所示）

对比度：调整曲面的漫反射区域和环境光区域之间的对比度。

柔化漫反射边：增加"柔化漫反射边"的值可以柔化曲面的漫反射部分与环境光部分之间的边缘。

漫反射：启用此选项后，灯光将影响对象曲面的漫反射属性。

高光反射：启用此选项后，灯光将影响对象曲面的高光属性。

当"漫反射"和"高光反射"同时使用时，可以拥有一个灯光颜色对象的反射高光，而其漫反射区域没有颜色，然后拥有第二种灯光颜色的曲面漫反射部分，而不创建反射高光。

仅环境光：启用此选项后，灯光仅影响照明的环境光组件。

贴图:命名用于投影的贴图。可以将"材质编辑器"中指定的任何贴图拖动,并将贴图放置在灯光的"贴图"按钮上。可以用这种方法制作出投影机的投影效果,如图 5-18 所示。

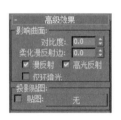 

图 5-17　高级效果　　　　　　　　　图 5-18　投影的贴图效果

4. 阴影参数(如图 5-19 所示)

颜色:用来设定灯光投射的阴影的颜色。默认颜色为黑色。

密度:密度值越大,阴影越暗。密度值越小,阴影越浅。

贴图:将贴图指定给阴影。贴图颜色与阴影颜色混合起来,如图 5-20 所示。

 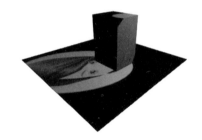

图 5-19　阴影参数　　　　　　　　　图 5-20　阴影贴图效果

"大气阴影"组使用这些控件可以让大气效果投射阴影。

启用:启用此选项后,当灯光穿过大气时可以产生阴影效果。

不透明度:调整阴影的不透明度大小。

颜色量:调整大气颜色与阴影颜色混合的量。

5.2　灯　光　类　型

5.2.1　泛光灯

"泛光灯"是一个点光源,可以照亮周围物体,没有特定的照射方向,只要不是被灯光排除的物体都会被照亮。在三维场景中泛光灯多作为补光使用,用来增加场景中的整体亮度,如图 5-21 所示。

图 5-21　在两盏泛光灯照射下的房间效果

5.2.2　聚光灯

目标聚光灯和自由聚光灯是在三维场景中常用的灯光。由于它们有照射方向和照射范围，所以可以对物体进行选择性的照射，如图 5-22 和图 5-23 所示。

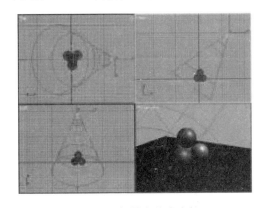

图 5-22　场景中的聚光灯

图 5-23　聚光灯灯光实例

聚光灯有专用的"聚光灯参数"展卷栏，这些参数可以控制聚光灯的聚光区/衰减区和形状等，如图 5-24 所示。

显示光锥：启用或禁用圆锥体的显示。

泛光化：当设置泛光化时，灯光将与泛光相似各个方向投射灯光。但是，投影和阴影只发生在其圆锥体内。

聚光区/光束：调整灯光圆锥体的角度大小。数值越大角度越大，即照射范围越大，如图 5-25 所示。数值越小角度越小，即照射范围越小，如图 5-26 所示。

图 5-24　聚光灯

衰减区/区域：调整灯光衰减区的角度。数值越大衰减区角度越大，即衰减区范围越大，过度越柔和，如图 5-27 所示。数值越小衰减区角度越小，即衰减区范围越小，过度越清楚，如图 5-28 所示。

图 5-25　聚光区/光束角度大

图 5-26　聚光区/光束角度小

图 5-27　衰减区/区域角度大

图 5-28　衰减区/区域角度小

圆/矩形:确定聚光区和衰减区的形状。如果想要一个标准圆形的灯光,应设置为"圆形"。如果想要一个矩形的光束,应设置为"矩形"。

纵横比:设置矩形光束的纵横比。使用"位图拟合"按钮可以使纵横比匹配特定的位图。

位图拟合:如果灯光的投影纵横比为矩形,应设置纵横比以匹配特定的位图。当灯光用作投影灯时,该选项可以使投影出的位图不变形。

5.3　典型灯光实例

5.3.1　体积光

 实例 光芒四射的文字

本例将制作一个光芒从文字背后照射的效果,如图 5-29 所示。

(1) 打开 3ds Max,选中前视图,选择"创建"|"形状"|"文本"按钮,如图 5-30 所示。在"文本"区中输入 3DSMAX,如图 5-31 所示。单击前视图将文字建立在场景中,如图 5-32 所示。

图 5-29　光芒四射的文字效果

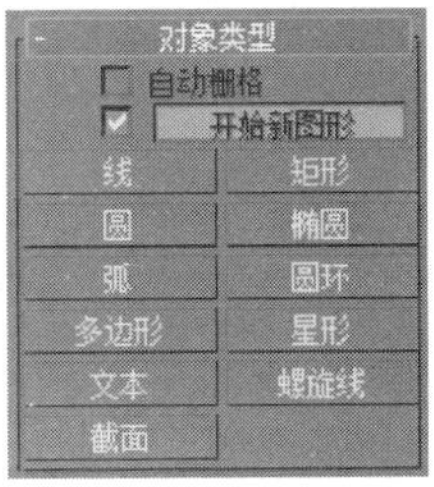

图 5-30　形状面板

图 5-31　文本参数

图 5-32　场景效果

（2）选中场景中的 3DSMAX 图形，选择"修改"｜"挤出"按钮，如图 5-33 所示。设定数量为 10，如图 5-34 所示，效果如图 5-35 所示。

图 5-33　选择"挤出"命令

图 5-34　参数设定

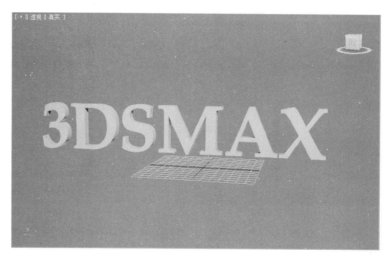

图 5-35　效果

(3) 选择"创建"|"灯光"|"标准"|"目标聚光灯"按钮,如图 5-36 所示。在顶视图中建立目标聚光灯。设定灯光形状为矩形,如图 5-37 所示。用比例缩放工具  将灯光形状变为长方形,场景效果如图 5-38 所示。

图 5-36　灯光面板

图 5-37　聚光灯参数

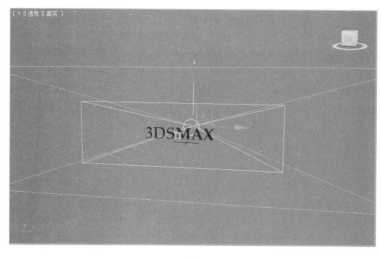

图 5-38　场景效果

（4）单击颜色块，设定灯光颜色为黄色，如图 5-39 所示。进行"近距衰减"和"远距衰减"参数设定，如图 5-40 所示。

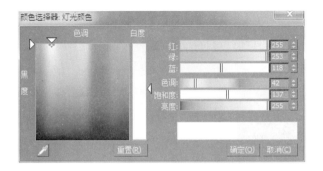

图 5-39　颜色设定　　　　　　　　　　　　　图 5-40　衰减设定

（5）在"大气和效果"卷展栏单击"添加"按钮，如图 5-41 所示。在弹出的"添加大气或效果"面板双击"体积光"选项，如图 5-42 所示。

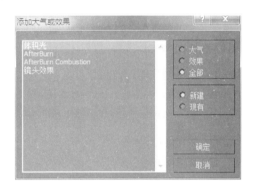

图 5-41　大气和效果面板　　　　　　　　　　图 5-42　添加体积光

（6）在"大气和效果"卷展栏的"体积光"选项后单击"设置"按钮，在弹出的对话框中设定"雾颜色"为浅黄色，"密度"为 8，如图 5-43 所示。

（7）选中"启用噪波"复选框，设定"数量"为 1.0，如图 5-44 所示。

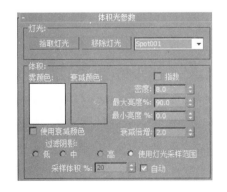

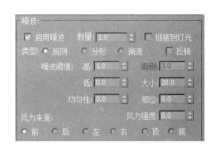

图 5-43　体积光设定　　　　　　　　　　　　图 5-44　噪波设定

（8）渲染完成，效果如图 5-45 所示。

图 5-45　完成效果

5.3.2　灯光投影

 投影机效果

本例将使用灯光中投影贴图功能制作一个投影机投影的效果，如图 5-46 所示。

图 5-46　投影机效果

（1）在场景前视图中建立一个长方体，作为投影的幕布，选择"创建"|"灯光"|"标准"|"目标聚光灯"按钮，创建一个目标聚光灯，设灯的形状为矩形，如图 5-47 所示。

（2）选中目标聚光灯，选择"修改"|"高级效果"卷展栏，选择"贴图"选项，单击"贴图"选项后的"无"按钮，如图 5-48 所示。在弹出的材质对话框中双击"位图"选项，如图 5-49 所示。

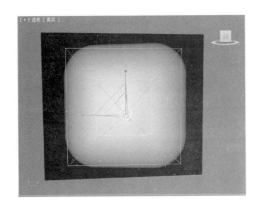

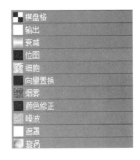

图 5-47　场景效果　　　　　图 5-48　"高级效果"卷展栏　　　图 5-49　材质对话框

（3）在位图选取的对话框中选取一张图片"油画 01.jpg"作为投影在长方体上的图像，如图 5-50 所示。

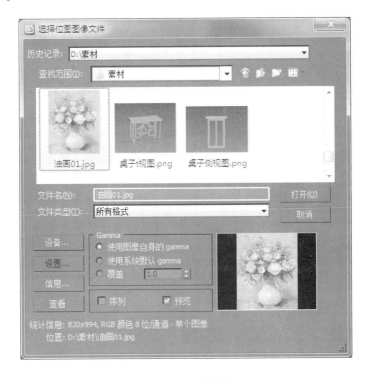

图 5-50　选择位图

（4）选择"创建"｜"灯光"｜"标准"｜"泛光灯"按钮，创建一个泛光灯对场景进行补光，以避免场景过暗，选择"修改"｜"强度/颜色/衰减"卷展栏，设定"倍增"为 0.5，位置如图 5-51 所示。

（5）渲染完成。

165

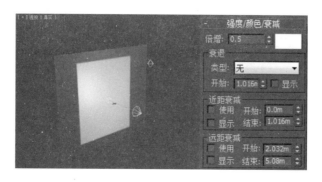

图 5-51　场景中创建天光

5.4　摄影机基本知识

摄影机是 3ds Max 软件对现实世界的模拟,从特定的观察点表现场景。我们可以通过调整摄影机来选择好的观察角度,也可以给场景加入多个摄影机来提供相同场景的不同视图。

5.4.1　摄影机的分类

摄影机可以分为目标摄影机和自由摄影机,如图 5-52 所示。

目标摄影机查看目标对象周围的区域。目标摄影机由视点与目标观察点两部分组成。摄影机和摄影机目标可以分别设置动画,以便当摄影机不沿路径移动时,容易使用摄影机,如图 5-53 所示。

自由摄影机查看注视摄影机方向的区域。创建自由摄影机时,可看到一个图标,该图标表示摄影机和其视野。摄影机图标与目标摄影机图标看起来相同,但是不存在要设置动画的单独的目标图标。当摄影机的位置沿一个路径被设置动画时,更容易使用自由摄影机,如图 5-54 所示。

　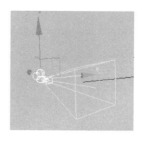　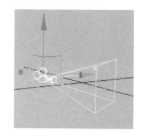

图 5-52　灯光类型　　　　图 5-53　目标摄影机　　　　图 5-54　自由摄影机

5.4.2　摄影机参数项

镜头:以毫米为单位设置摄影机的焦距,焦距会影响对象出现在图片上的清晰度。焦距越小图片中包含的场景就越多。加大焦距将包含更少的场景,但会显示远距离对象的更多细节,如图 5-55 所示。

　　视野:决定摄影机查看区域的宽度,如图 5-55 所示。

　　备用镜头:软件预设好的焦距分别为 15mm、20mm、24mm、28mm、35mm、50mm、85mm、135mm、200mm 的镜头。

　　类型:对摄影机类型的选择,可以从目标摄影机更改为自由摄影机,也可以从自由摄影机更改为目标摄影机,如图 5-55 所示。

　　显示圆锥体:显示摄影机视野的锥形光线,如图 5-55 所示。

　　显示地平线:在摄影机视图中显示一条深灰色的线作为地平线层,如图 5-55 所示。

　　"环境范围"组"近距范围"和"远距范围":确定在"环境"面板上设置大气效果的近距范围和远距范围限制。在两个限制之间的对象消失在远端和近端值之间,如图 5-56 所示。

图 5-55　摄影机参数

图 5-56　环境范围

　　"剪切平面"组:设置选项来定义剪切平面。使用剪切平面可以排除场景的一些几何体并只查看或渲染场景的某些部分。对场景进行平面的剪切,如图 5-56 所示。

　　手动剪切:启用该选项可对剪切平面和位置进行定义,如图 5-56 所示。

　　"近距剪切"和"远距剪切":设置近距和远距剪切平面的位置。图 5-57 是正常效果图,图 5-58 是近距剪切平面效果,图 5-59 是远距剪切平面效果。

图 5-57　正常效果图

图 5-58　近距剪切平面效果

图 5-59　远距剪切平面效果

　　"多过程效果"组:可以指定摄影机的景深或运动模糊效果。

　　启用:启用该选项后,使用效果预览或渲染。

　　预览:选择该选项可在场景中摄影机视图中对效果进行预览。

效果：选择生成哪种过滤效果，如景深或运动模糊。

渲染每过程效果：选中此选项后，如果指定任何一个，则将渲染效果应用于多重过滤效果的每个过程。

目标距离：表示摄影机及其目标之间的距离。

5.5 典型摄影机实例

5.5.1 摄影机景深

本例将运用摄影机中的景深功能，制作出目标观察点清晰而周围模糊的效果，如图5-60所示。

(1) 打开3ds Max，选中前视图，选择"创建"|"几何体"|"扩展基本体"|"异面体"按钮，如图5-61所示。选中"十二面体/二十面体"单选按钮，设P值为0.35，如图5-62所示。效果如图5-63所示。

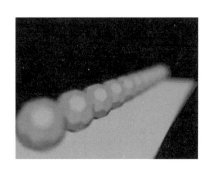

图5-60 摄影机景深效果

图5-61 扩展基本体

图5-62 参数设定

图5-63 效果

（2）选中场景中的异面体，选择移动工具，按住 Shift 键移动异面体，对其进行复制，设定，如图 5-64 所示。并选择"创建"|"几何体"|"长方体"按钮，在异面体下绘制出一个地面，如图 5-65 所示。

图 5-64　参数设定

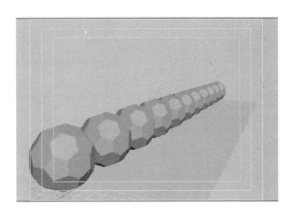

图 5-65　效果

（3）选择"创建"|"摄影机"|"目标摄影机"按钮，为场景加入摄影机，如图 5-66 所示。在透视图文字上右击，选择"摄影机"|Camera001，将透视图变为摄影机视图，如图 5-67 所示。将摄影机目标点对在第三个异面体上摄影机位置，如图 5-68 所示。

图 5-66　目标摄影机

图 5-67　视图

（4）选中场景中的摄影机，选择"修改"|"多过程效果"|"启用"，如图 5-69 所示。在"采样"组中设定采样半径为 1，如图 5-70 所示。

（5）选中摄影机视图，单击"修改"|"多过程效果"|"预览"，最终效果如图 5-71 所示。

169

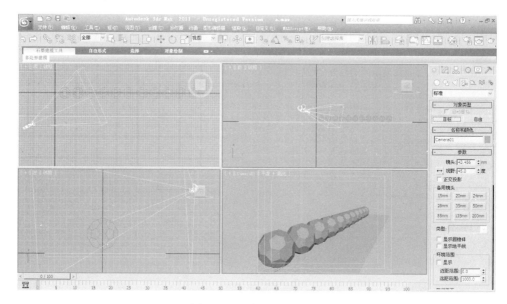

图 5-68　目标摄影机定位

图 5-69　多过程效果区

图 5-70　采样区

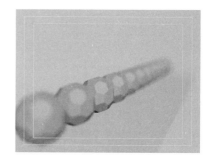

图 5-71　完成效果

5.5.2　摄影机运动模糊

本例将运用摄影机中运动模糊功能,在动画中制作出螺旋桨运动模糊的效果,如图 5-72 所示。

图 5-72　运动模糊的效果

（1）打开 3ds Max，选择"文件"|"导入"命令，将直升机模型导入到场景中。

（2）选择"创建"|"摄影机"|"目标摄影机"，为场景加入摄影机，如图 5-73 所示。在透视图文字上右击，选择"摄影机"|Camera001，将透视图变为摄影机视图，如图 5-74 所示。摄影机位置如图 5-75 所示。

图 5-73　目标摄影机

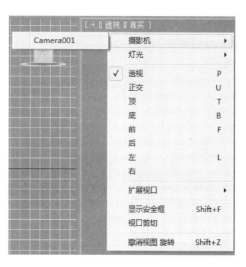

图 5-74　视图

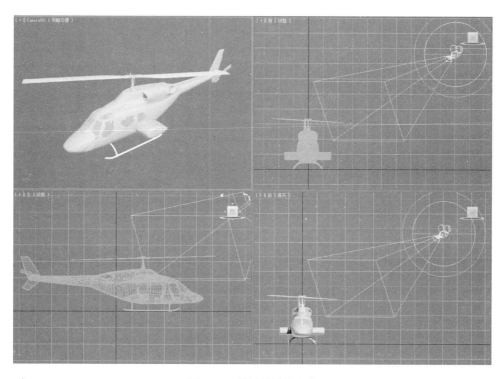

图 5-75　目标摄影机定位

（3）为螺旋桨制作动画，选择螺旋桨，单击动画工具中的"自动关键点"按钮将时间放在第 1 帧，对螺旋桨旋转轴进行调整，Z 轴旋转数值为 90，如图 5-76 所示。

图 5-76　螺旋桨位置

（4）选择螺旋桨，将时间放在第 100 帧，并将螺旋桨的 Z 轴进行调整，旋转 3600°，如图 5-77 所示。

图 5-77　螺旋桨位置

（5）关闭动画工具中的"自动关键点"按钮，完成螺旋桨动画的制作，将时间放在第 52 帧，如图 5-78 所示。

图 5-78　螺旋桨位置

（6）选中场景中的摄影机，选择"修改"|"多过程效果"|"启用"，并选择"运动模糊"，如图 5-79 所示，"过程总数"为 10，"持续时间（帧）"为 4.0，"偏移"为 0.9，如图 5-80 所示。选中摄影机视图，单击"产品渲染"，效果如图 5-81 所示。

图 5-79　运动模糊　　　图 5-80　参数设定　　　　　图 5-81　效果

5.6　练习与实验

1. 填空题

（1）3ds Max 在灯光命令面板中为用户提供了_____和_____类型的灯光。

（2）目标聚光灯和泛光灯是_____灯光类型中常用的两种灯光。

（3）灯光_____卷展栏中，_____选项被选中后聚光灯将同时兼有泛光灯的功能，它的光线将不再受锥形范围框束缚,改成向四面八方投射。

(4)_____阴影类型可以投射出边缘模糊的阴影,_____阴影类型可以根据物体的透明度改变阴影的透明度。

(5)远处衰减设置后,灯光亮度在淘汰到指定_____点之间保持灯光的正常设置值,在_____点到指定_____点之间不断减弱,在_____点以外灯光亮度值减为0。

(6)3ds Max的摄影机分为_____和_____。

(7)摄影机的参数_____用来定义摄影机在场景中所能看到的区域。焦距越视野就越广;反之焦距越_____,视野就越窄。

(8)选择菜单命令_____,打开视图背景对话框,在其中选中_____选项,即可在当前激的视图中显示出在大气环境对话框中所设置的背景图片。

(9)选择菜单命令_____可以打开大气环境对话框,进行环境设置。

2. 选择题

(1)3ds Max的标准灯光有(　　)种。

    A. 3　　　　　　　　B. 4　　　　　　　　C. 6　　　　　　　　D. 7

(2)以下类型的灯光中,不是标准类型灯光的是(　　)。

    A. 自由聚光灯　　　B. 目标聚光灯　　　C. 自由平行光　　　D. 目标点光源

3. 简答题

(1)简述自由聚光灯与目标聚光灯的区别。

(2)简述摄影机的创建方法。

4. 实验题

制作体积光效果,如图5-82所示。

图5-82　体积光效果

【学习导入】

电影《阿凡达》让世界人民着实享受了一场惊世骇俗的 3D 视觉盛宴,3D 环境与效果在电影中的使用,为建立逼真的外星人生活场景立下了汗马功劳。如电影中生动的云雾效果,战斗中真实的燃烧与爆炸场面,这无疑证明了三维技术中的环境与效果巧妙运用将会产生令人期待的视觉效果。

在 3ds Max 中通过熟练运用环境与效果和 Video Post 滤镜效果工具,也可以使作品更加真实生动,使 3ds Max 的制作水平更进一步。

【学习目标】

知识目标:理解环境与效果和 Video Post 滤镜效果工具的概念。

能力目标:具备熟练掌握环境与效果和 Video Post 滤镜效果参数设置的能力。

素质目标:在软件中通过渲染模拟出真实世界中物体的质感、环境效果,需要学生认真观察环境!

6.1 环境大气效果

在 3ds Max 对真实世界的模拟中,环境大气效果的使用是必不可少的。环境大气效果可以帮助烘托气氛,同时还会增加作品的艺术感。

使用环境功能可以设置背景颜色和设置背景颜色动画;在屏幕环境的背景中使用图像;设置环境光和设置环境光动画;给场景中加入大气效果;将曝光控制应用于渲染。

6.1.1 "环境和效果"对话框

"环境和效果"对话框分为"公用参数"卷展栏、"曝光控制"卷展栏和"大气"卷展栏三部分。通过选择"渲染"|"环境"可以打开"环境和效果"对话框,如图 6-1 所示。

1. "公用参数"卷展栏

"公用参数"卷展栏可以设置场景中背景颜色和背景颜色动画,设置在渲染场景屏幕环境中的背景图像等,如图 6-2 所示。

1)"背景"组参数

颜色:用来设置场景背景的颜色。单击色样,然后在"颜色选择器"中选择所需的颜色,如图 6-3 所示。

环境贴图:用来设置场景中的背景图像。环境贴图的按钮会显示贴图的名称,如果尚未指定名称,则显示"无"。

图 6-1　"环境和效果"对话框

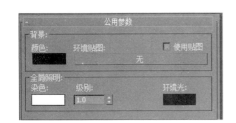

图 6-2　"公用参数"卷展栏

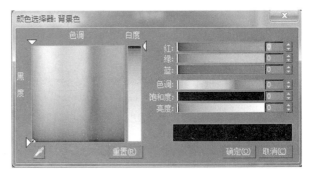

图 6-3　背景颜色选择器

2)"全局照明"组参数

染色:用于对场景中的灯光进行染色。当设置的照明染色不是白色时,则为场景中的所有灯光染色。单击色样显示"颜色选择器",用于选择色彩颜色。

级别:对场景中的所有灯光光照强度进行增强。如果级别为1.0,则保留各个灯光的原始设置。增大级别将增强总体场景的照明,减小级别将减弱总体照明。

环境光:设置场景环境光的颜色。单击色样,然后在"颜色选择器"中选择所需的颜色。

2."曝光控制"卷展栏

"曝光控制"是用于调整渲染的输出级别和颜色范围的插件组件,就像调整胶片曝光一样。如果渲染使用光能传递，曝光控制尤其有用，如图 6-4 所示。

图 6-4　"曝光控制"卷展栏

曝光控制可以补偿显示器有限的动态范围，分为自动曝光控制、线性曝光控制、对数曝光控制和伪彩色曝光控制。

自动曝光控制：可以从渲染图像中采样，并且生成一个直方图，以便在渲染的整个动态范围提供良好的颜色分离。自动曝光控制可以增强某些照明效果，否则，这些照明效果会过于暗淡而看不清。

线性曝光控制：可以从渲染中采样，并且使用场景的平均亮度将物理值映射为 RGB 值。线性曝光控制最适合动态范围很低的场景。

对数曝光控制：使用亮度、对比度以及场景是否是日光中的室外，将物理值映射为 RGB 值。对数曝光控制比较适合动态范围很高的场景。

伪彩色曝光控制：实际上是一个照明分析工具。它可以将亮度映射为显示转换的值的亮度的伪彩色。

3. "大气"卷展栏

大气是用于模拟现实生活中的环境效果，例如雾、火焰等。大气效果包括火焰环境效果、雾环境效果、体积雾环境效果、体积光环境效果，如图 6-5 所示。

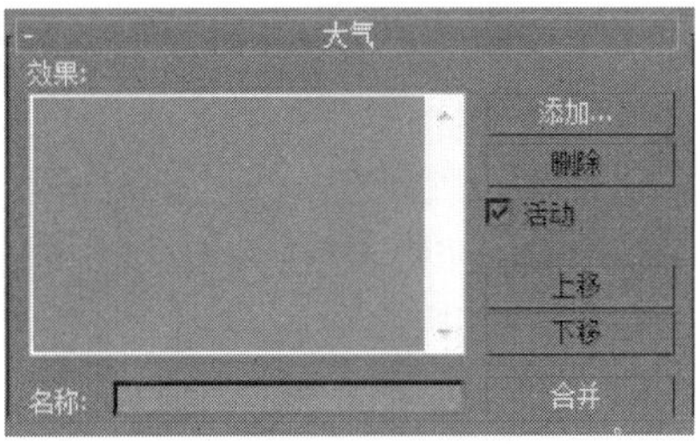

图 6-5　"大气"卷展栏

效果：显示已添加的效果队列。在渲染期间，效果在场景中按线性顺序计算。根据所选的效果，"环境和效果"对话框将添加适合效果参数的卷展栏。

名称：为列表中的效果自定义名称。

添加：单击该按钮显示"添加大气效果"对话框（所有当前安装的大气效果）。选择效果，然后单击"确定"按钮将效果指定给列表。

6.1.2　大气效果

1. 火效果

在"大气"卷展栏中添加火效果可以生成动画的火焰、烟雾和爆炸效果。可能的火焰效果用法包括篝火、火炬、火球、烟云和星云等效果，如图 6-6 所示。

1）Gizmos 组参数

拾取 Gizmo：通过单击进入拾取模式，然后单击场景中的某个大气装置。在渲染时，装置会显示火焰效果。装置的名称将添加到装置列表中。当想在场景中使用火焰效果时，必须先在场景中加入一个火焰装置（即 Gizmo），将效果放入场景，并定义效果的最大边界。

图 6-6　火焰效果参数

该装置在"大气装置"子类别中显示为辅助对象。装置包括长方体 Gizmo、球体 Gizmo 和圆柱体 Gizmo,如图 6-7 所示。

图 6-7　大气装置

移除 Gizmo:移除 Gizmo 列表中所选的 Gizmo。Gizmo 仍在场景中,但是不再显示火焰效果。

Gizmo 列表:列出为火焰效果指定的装置对象。

2)"颜色"组参数

可以通过设置"颜色"组中色样的颜色为火焰效果设置三个颜色属性。

内部颜色:用来设置火焰中心的颜色。

外部颜色:设置火焰稀薄部分的颜色。

烟雾颜色:设置用于"爆炸"选项的烟雾颜色。

3)"图形"组参数

使用"形状"下的控件控制火焰效果中火焰的形状、缩放和外形效果。

火舌:沿着中心使用纹理创建带方向的火焰。火焰方向沿着火焰装置的局部 Z 轴。"火舌"创建类似篝火的火焰。

火球:创建圆形的爆炸火焰。"火球"很适合爆炸效果。

拉伸:将火焰沿着装置的 Z 轴缩放。拉伸最适合火舌火焰,但是,可以使用拉伸为火球提供椭圆形状,如图 6-8 所示。

规则性:修改火焰填充装置的方式。如果值为 1.0,则效果在装置边缘附近衰减。如果值为 0.0,则生成很不规则的效果,边界通常会被修剪,火焰形状会小一些。

4)"特性"组参数

"特性"组参数主要用来设置火焰的大小和外观。所有参数彼此相互关联相互影响。

火焰大小:设置装置中各个火焰的大小。装置大小会影响火焰大小。装置越大,需要的火焰也越大。

图 6-8　拉伸效果在实例中的使用

火焰细节:控制每个火焰中显示的颜色更改量和边缘尖锐度。较低的值可以生成平滑、模糊的火焰,渲染速度较快。较高的值可以生成带图案的清晰火焰,渲染速度较慢。

密度:设置火焰效果的不透明度和亮度。装置大小会影响密度。

采样:设置效果的采样率。值越高,生成的结果越准确,渲染所需的时间也越长。

5）"动态"组参数

使用"动态"组中的参数可以设置火焰的涡流和上升的动态效果。

相位：控制更改火焰效果的速率。启用"自动关键点"，更改不同的相位值倍数。

漂移：设置火焰沿着火焰装置的 Z 轴的渲染方式。值是上升量（单位数）。

6）"爆炸"组参数

使用"爆炸"组中的参数可以自动设置爆炸动画。

爆炸：根据相位值动画自动设置大小、密度和颜色的动画。

烟雾：控制爆炸是否产生烟雾。

剧烈度：改变相位参数的涡流效果。

设置爆炸：单击该按钮则显示"设置爆炸相位曲线"对话框。输入开始时间和结束时间，然后单击"确定"按钮。相位值自动为典型的爆炸效果设置动画。

2. 雾

在"环境和效果"对话框的"大气"卷展栏下"添加"选择"雾"时，将出现"雾参数"卷展栏，如图6-9所示。雾的效果可以为场景提供雾和烟雾的大气效果。使对象随着与摄影机距离的增加逐渐褪光（标准雾），或提供分层雾效果，使所有对象或部分对象被雾笼罩。在渲染雾效果只有摄影机视图或透视视图中会产生雾效果，如图6-10所示。

图 6-9　"雾参数"卷展栏

图 6-10　雾效果在实例中的使用

1）"雾参数"组

颜色：设置雾的颜色。单击色样，然后在颜色选择器中选择所需的颜色。

环境颜色贴图：从贴图导出雾的颜色。可以为背景和雾颜色添加贴图。按钮显示颜色贴图的名称,如果没有指定贴图,则显示"无"。要指定贴图,单击"环境颜色贴图"按钮将显示"材质/贴图浏览器",从列表中选择贴图类型。要调整环境贴图的参数,打开"材质编辑器",将"环境颜色贴图"按钮拖动到未使用的示例窗口中。

使用贴图：用来切换贴图效果的启用或禁用。

环境不透明度贴图：更改雾的密度。

雾化背景：将雾功能应用于场景的背景。

类型：选择"标准"时,将使用"标准"部分的参数;选择"分层"时,将使用"分层"部分的参数。

标准：启用"标准"组。

分层：启用"分层"组。

2)"标准"组参数

"标准"组根据与摄影机的距离使雾变薄或变厚。

指数：随距离按指数增大密度。禁用时,密度随距离线性增大。

近端％：设置雾在近距范围的密度。

远端％：设置雾在远距范围的密度。

3)"分层"组参数

使雾在上限和下限之间变薄和变厚。通过向列表中添加多个雾条目,雾可以包含多层。也可以设置雾上升和下降、更改密度和颜色的动画,并添加地平线噪波。

顶：设置雾层的上限位置。

底：设置雾层的下限位置。

密度：设置雾的总体密度。

衰减(顶/底/无)：添加指数衰减效果,使密度在雾范围的"顶"或"底"减小到 0。

地平线噪波：启用地平线噪波系统。"地平线噪波"仅影响雾层的地平线,增加真实感。

大小：应用于噪波的缩放系数。缩放系数值越大,雾越大。

角度：确定受影响的与地平线的角度。

相位：设置此参数的动画将设置噪波的动画。如果相位沿着正向移动,雾将向上漂移。如果雾高于地平线,则可能需要沿着负向设置相位的动画,使雾下落。

3. 体积雾

"体积雾"提供的雾效果与"雾"效果不同,"体积雾"雾密度在空间中不是恒定的。可以做出被吹动的云状雾效果,雾看起来似乎在风中飘散,如图 6-11 所示。在默认情况下,体积雾填满整个场景。不过,可以选择大气装置包含雾。与火焰效果相同,当想对场景中使用的体积雾范围加以控制时,必须先在场景中加入一个大气装置(即 Gizmo)并对其进行拾取才可以将效果放入场景,在渲染时只有摄影机视图或透视视图中会渲染体积雾效果。

在"环境和效果"对话框的"大气效果"下"添加"选择"体积雾"时,将出现"体积雾参数"卷展栏,如图 6-12 所示。

1) Gizmos 组参数

拾取 Gizmo：通过单击该按钮进入拾取模式,然后单击场景中的某个大气装置。在渲染时,装置会包含体积雾。

图 6-11 体积雾效果在实例中的使用

图 6-12 "体积雾参数"展卷栏

移除 Gizmo：将 Gizmo 从体积雾效果中移除。在列表中选择 Gizmo，然后单击"移除 Gizmo"按钮。

柔化 Gizmo 边缘：羽化体积雾效果的边缘。值越大，边缘越柔化。

2）"体积"组参数

颜色：设置雾的颜色。单击色样，然后在颜色选择器中选择所需的颜色。

指数：随距离按指数增大密度。

密度：控制雾的密度。

步长大小：确定雾采样的粒度和雾的"细度"。步长大小较大，会使雾变粗糙。

最化大步数：限制采样量，以便雾的计算不会永远执行。

雾化背景：将雾功能应用于场景的背景。

3）"噪波"组参数

类型：从三种噪波类型中选择要应用的一种类型。

- 规则：标准的噪波图案。
- 分形：迭代分形噪波图案。
- 湍流：迭代湍流图案。

反转：反转噪波效果。浓雾将变为半透明的雾，反之亦然。

噪波阈值：限制噪波效果。

- 高：设置高阈值。
- 低：设置低阈值。

- **均匀性**：范围为－1～1，作用与高通过滤器类似。值越小，体积越透明，包含分散的烟雾泡。如果在－0.3左右，图像开始看起来像灰斑。因为此参数越小，雾越薄，所以可能需要增大密度，否则，体积雾将开始消失。
- **级别**：设置噪波迭代应用的次数。只有在选择"分形"或"湍流"噪波才启用。
- **大小**：确定烟卷或雾卷的大小。值越小，卷越小。
- **相位**：控制风的种子。

风力来源：定义风来自于哪个方向。

风力强度：控制烟雾远离风向(相对于相位)的速度。

4. 体积光

体积光根据灯光与大气的相互作用提供灯光效果，可以提供泛光灯的径向光晕、聚光灯的锥形光晕和平行光的平行雾光束等效果，可以制作出黑夜中灯光光线照射产生的光柱效果，如图6-13所示。

在"环境和效果"对话框的"效果"下选择"体积光"时，将出现"体积光参数"卷展栏。其中包含以下控件，如图6-14所示。

图6-13　体积光效果在实例中的使用

图6-14　"体积光参数"卷展栏

1)"灯光"组参数

拾取灯光：在体积光使用时首先要对灯光进行选定，可以在任意视图中单击要为体积光启用的灯光也可以拾取多个灯光。

移除灯光：将灯光从列表中移除，取消体积光对该灯光的选定。

2）"体积"组参数

雾颜色：设置组成体积光的雾的颜色。单击色样，然后在颜色选择器中选择所需的颜色。

衰减颜色：体积光随距离而衰减。从"雾颜色"渐变到"衰减颜色"。单击色样将显示颜色选择器，这样可以更改衰减颜色。

使用衰减颜色：激活衰减颜色。

指数：随距离按指数增大密度。禁用时，密度随距离线性增大。只有希望渲染体积雾中的透明对象时，才应启用此复选框。

密度：设置雾的密度。数值越大雾越密。

最大亮度％：表示可以达到的最大光晕效果。如果减小此值，可以限制光晕的亮度。

最小亮度％：与环境光设置类似。如果"最小亮度％"大于 0，则光体积外面的区域也会发光。

衰减倍增：调整衰减颜色的效果。

过滤阴影：用于通过提高采样率获得更高质量的体积光渲染。

- 低：不过滤图像缓冲区，而是直接采样。此选项适合 8 位图像、AVI 文件等。
- 中：对相邻的像素采样并求均值。
- 高：对相邻的像素和对角像素采样，为每个像素指定不同的权重。
- 使用灯光采样范围：根据灯光的阴影参数中的"采样范围"值，使体积光中投射的阴影变模糊。

采样体积％：控制体积的采样率。范围为 1～10 000。

自动：自动控制"采样体积％"参数，禁用微调器。

3）"衰减"组参数

开始％：设置灯光效果的开始衰减，与实际灯光参数的衰减相对。

结束％：设置照明效果的结束衰减，与实际灯光参数的衰减相对。

4）"噪波"组

启用噪波：启用和禁用噪波。

数量：应用于雾的噪波的百分比。如果数量为 0，则没有噪波。如果数量为 1，雾将变为纯噪波。

链接到灯光：将噪波效果链接到灯光对象。

类型：从三种噪波类型中选择要应用的一种类型。

- 规则：标准的噪波图案。
- 分形：迭代分形噪波图案。
- 湍流：迭代湍流图案。

反转：反转噪波效果。浓雾将变为半透明的雾，反之亦然。

噪波阈值：限制噪波效果。如果噪波值高于"低"阈值而低于"高"阈值，动态范围会拉伸到填满（0～1）。这样，在阈值转换时会补偿较小的不连续（第一级而不是 0 级），因此，会减少可能产生的锯齿。

- 高：设置高阈值。
- 低：设置低阈值。

- 均匀性：作用类似高通过滤器：值越小，体积光越透明。
- 级别：设置噪波迭代应用的次数。
- 大小：确定烟卷或雾卷的大小。值越小，卷越小。
- 相位：控制风的种子。如果"风力强度"的设置也大于 0，雾体积会根据风向产生动画。如果没有"风力强度"，雾将在原处涡流。

风力来源：定义风来自于哪个方向。

风力强度：控制烟雾远离风向（相对于相位）的速度。

6.1.3 实例：篝火

本例将使用大气效果中的火效果制作一个，在夜晚燃烧的篝火的效果，并利用灯光表现火燃烧的光效，如图 6-15 所示。

图 6-15 燃烧的篝火的效果

（1）先建立场景如图 6-16 所示。并在场景中加入一个摄影机和一个泛光灯。

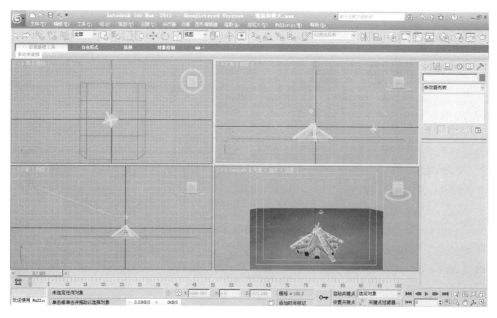

图 6-16 场景效果

（2）单击"创建"|"辅助对象"|"大气装置"|"球体Gizmo"按钮，如图6-17所示。在场景中建立一个球体大气装置并在球体Gizmo参数选项组中选中"半球"选项位置效果，如图6-18所示。

图6-17　大气装置

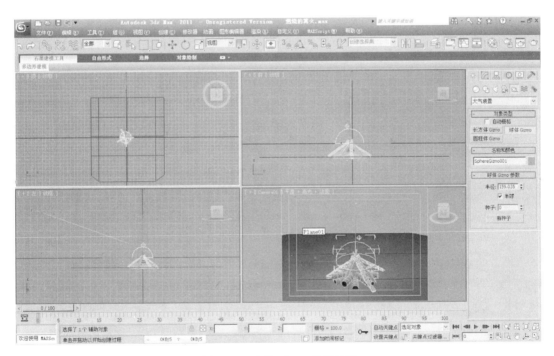

图6-18　球体Gizmo场景效果

（3）选择"非均匀缩放"工具对场景中球体Gizmo依Z轴进行非均匀缩放，效果如图6-19所示。

（4）选择"渲染"|"环境"命令，打开"环境和效果"对话框，如图6-20和图6-21所示。选择"大气效果"|"添加"，在弹出的"添加大气效果"对话框中选择"火效果"，如图6-22所示。

（5）在火效果参数中，选择"拾取Gizmo"对场景中的球体Gizmo进行选取，如图6-23所示。渲染效果如图6-24所示。

186

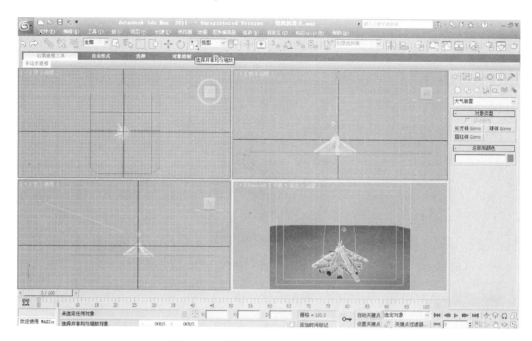

图 6-19 球体 Gizmo 非均匀缩放效果

图 6-20 选择环境图

图 6-21 "环境和效果"对话框

图 6-22　选择"火效果"

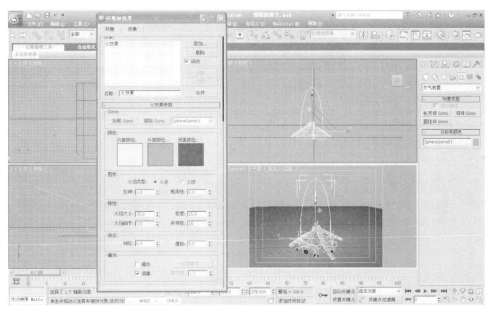

图 6-23　拾取 Gizmo

图 6-24　渲染效果

第6章　环境、效果与渲染

（6）渲染出的篝火效果有些生硬，可以对在火效果参数进行进一步的设置，如图 6-25 所示。

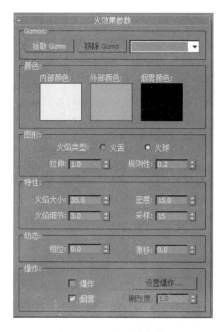

图 6-25　火效果参数

（7）为渲染出篝火的照射效果，在场景中加入一个"目标聚光灯"，如图 6-26 所示。

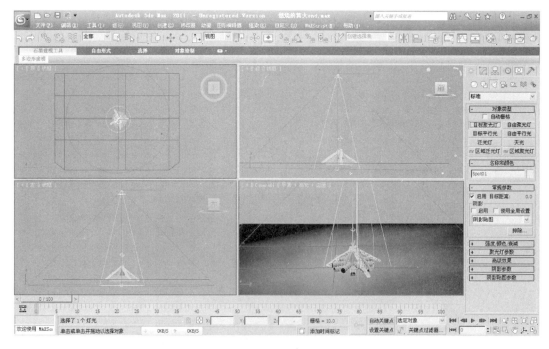

图 6-26　加入"目标聚光灯"

（8）设置"目标聚光灯"颜色为橘黄色，具体参数如图 6-27 所示。

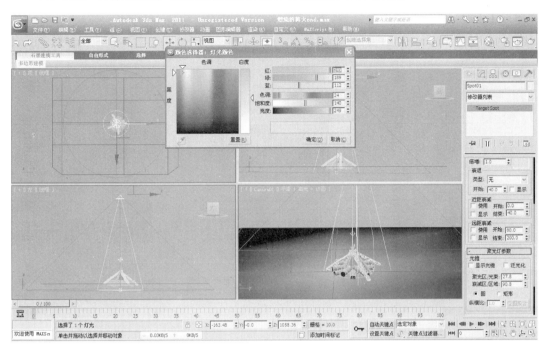

图 6-27 "目标聚光灯"参数

（9）选中场景中原有的泛光灯，设置灯光颜色为橘红色参数，具体参数如图 6-28 所示。

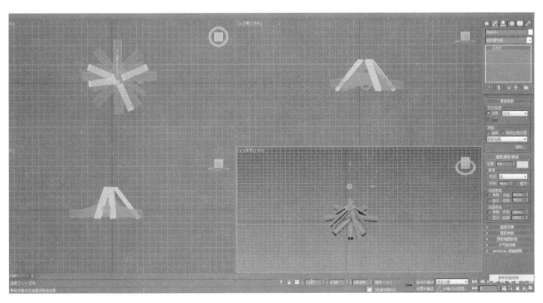

(a)

图 6-28 "泛光灯"参数

(b)

图 6-28　(续)

（10）渲染完成，效果如图 6-29 所示。

图 6-29　完成效果

6.2　视频后处理效果

6.2.1　Video Post 简介

在 3ds Max 中，Video Post 可提供不同类型事件的合成渲染输出，可以为动画提供特殊效果，也可以作为一个视频工具来使用。

"Video Post 队列"提供要合成的图像、场景和事件的层级列表。Video Post 对话框中的 Video Post 队列类似于"材质编辑器"中的其他层级列表。在 Video Post 中，列表项为图像、场景、动画或一起构成队列的外部过程。这些队列中的项目被称为"事件"。

事件在队列中出现的顺序从上到下排列，当执行它们时也是按从上到下的顺序，如图 6-30 所示。

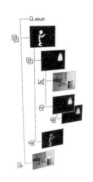

图 6-30　Video Post 队列和渲染效果

要进入 Video Post 的工作设计环境，要选择"渲染"│Video Post 命令，打开 Video Post 对话框，如图 6-31 所示。

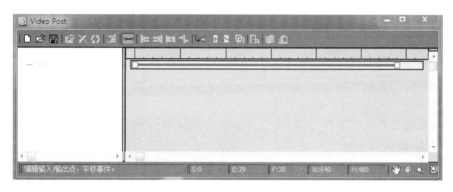

图 6-31　Video Post 对话框

✘：执行 Video Post 队列作为创建后期制作视频的最后一步。执行与渲染有所不同，因为渲染只用于场景，但是可以使用 Video Post 合成图像和动画，而无须包括当前的 3ds Max 场景。单击"执行序列"，出现"执行 Video Post"对话框，如图 6-32 所示。在"执行 Video Post"对话框中可以设置时间范围和输出大小，然后单击"渲染"按钮以创建视频等。执行完成后，如果"Video Post 进度"对话框仍然打开，则单击"关闭"将其关闭。

⊠："添加场景事件"按钮将选定摄影机视图中的场景添加至队列。"场景"事件是当前 3ds Max 场景的视图。可选择显示哪个视图，以及如何同步最终视频与场景。可以使用多个"场景"事件同时显示同一场景的两个视图，或者从一个视图切换至另一个视图。单击"添加场景"，出现"添加场景事件"对话框，如图 6-33 所示。从"视图"列表中选择要使用的视图。单击"渲染选项"，使用在"渲染场景"对话框中设置它们的方法，更改渲染设置。设置"场景范围"选项，然后单击"确定"按钮。

⊡："添加图像过滤事件"提供图像和场景的图像处理。单击"添加图像过滤事件"，出现"添加图像过滤事件"对话框，如图 6-34 所示。从"过滤器插件"列表中选择需要的过滤器种类。如果已启用该类过滤器的"设置"按钮，请单击"设置"以设置过滤器选项。如果希望遮罩过滤器，或如果要使用的该类过滤器需要遮罩，则选择遮罩。调整其他"图像过滤器"设置，然后单击"确定"按钮。如果已选择了子事件，则"图像过滤器"事件成为其父事件。如果未选择事件，则"图像过滤器"事件会出现在队列的末尾。

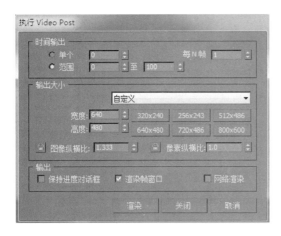

图 6-32 "执行 Video Post"对话框

图 6-33 "添加场景事件"对话框

 : "添加图像输出事件"提供用于编辑输出图像事件的控件。"图像输出"事件将执行 Video Post 队列的结果发送至文件或设备。渲染的输出可以是下列任一文件格式的静态图像或动画：AVI、BMP、CIN、EPS、PS、HDRI、JPEG、PNG、MOV、RLA、RPF、RGB、TGA、TIFF。单击"添加图像输出事件"，出现"添加图像输出事件"对话框，如图 6-35 所示。"图像输出"不考虑队列中是否已选择事件。如果单击"文件"按钮，那么会出现文件对话框，可以用来选择位图或动画文件。如果单击"设备"按钮，将出现"选择图像输出设备"对话框。该对话框带有已安装的设备选项下拉列表。调整其他参数，然后单击"确定"按钮将最终保存的文件以视频形式发送到设备。"图像输出事件"会出现在队列的末尾。

图 6-34 "添加图像过滤事件"对话框

图 6-35 "添加图像输出事件"对话框

6.2.2 Video Post 滤镜效果

通过"添加图像过滤器事件"可以对图像和场景进行图像处理。图像过滤器包括对比度过滤器、淡入淡出过滤器、图像 Alpha 过滤器、镜头效果光斑、镜头效果焦点、镜头效果光晕、镜头效果高光、底片过滤器、伪 Alpha 过滤器、简单擦拭过滤器、星空过滤器。

1. 对比度过滤器

"对比度过滤器"可以调整图像的对比度和亮度，如图 6-36 所示。

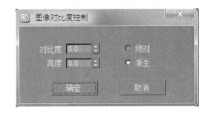

图 6-36 "图像对比度控制"对话框

对比度：通过创建 16 位查找表来压缩或扩展最大黑色度和最大白色度之间的范围，此表用于图像中任一指定灰度值。

亮度：将微调器设置在 0~1.0 之间。这将增加或减少所有颜色分量(红、绿和蓝)。

绝对/派生：确定"对比度"的灰度值计算。"绝对"使用任一颜色分量的最高值。"派生"使用三种颜色分量的平均值。

2. 淡入淡出过滤器

"淡入淡出过滤器"随时间淡入或淡出图像。淡入淡出的速率取决于淡入淡出过滤器时间范围的长度。

3. 图像 Alpha 过滤器

"图像 Alpha 过滤器"用过滤遮罩指定的通道替换图像的 Alpha 通道。

4. 镜头效果光斑

"镜头效果光斑"对话框用于将镜头光斑效果作为后期处理添加到渲染中。通常对场景中的灯光应用光斑效果。随后对象周围会产生镜头光斑，效果如图 6-37 所示。

图 6-37 "镜头效果光斑"效果

在"镜头效果光斑"对话框中可以控制镜头光斑的各个方面,如图 6-38 所示。

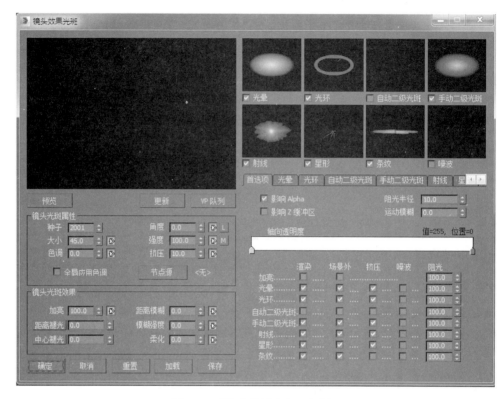

图 6-38　"镜头效果光斑"对话框

1)"预览"组参数

左角的黑色大窗口是主预览窗口。此窗口的右侧是预览光斑每个部分的较小窗口。单击主预览窗口下的"预览"按钮,可以生成连续的预览效果。

预览:单击"预览"按钮时,如果光斑拥有自动或手动二级光斑元素,则在窗口左上角显示光斑。如果光斑不包含这些元素,光斑会在预览窗口的中央显示。对光斑的效果进行预览。

更新:每次单击此按钮时,重画整个"主预览"窗口和小窗口。

VP 队列:在主预览窗口中显示 Video Post 队列的内容。

2)"镜头光斑属性"组

指定光斑的全局设置,例如光斑源、大小和种子数、旋转等。

种子:为"镜头效果"中的随机数生成器提供不同的起点,创建略有不同的镜头效果,而不更改任何设置。

大小:影响整个镜头光斑的大小。

色调:如果选择了"全局应用色调",它将控制"镜头光斑"效果中应用的"色调"的量。此参数可设置动画。

角度:影响光斑从默认位置开始旋转的量。

强度:控制光斑的总体亮度和不透明度。

挤压:在水平方向或垂直方向挤压镜头光斑的大小,用于补偿不同的帧纵横比。

节点源：可以为镜头光斑效果选择源对象。

3）"镜头光斑效果"组

控制特定的光斑效果，例如淡入淡出、亮度、柔化等。

加亮：设置影响整个图像的总体亮度。

距离褪光：随着与摄影机之间的距离变化，镜头光斑的效果会淡入淡出。

中心褪光：在光斑行的中心附近，沿光斑主轴淡入淡出二级光斑。

距离模糊：根据到摄影机之间的距离模糊光斑。

模糊强度：将模糊应用到镜头光斑上时控制其强度。

柔化：为镜头光斑提供整体柔化效果。此参数可设置动画。

4）"光斑参数"选项卡

用来创建和控制镜头光斑。九个选项卡中的每个选项卡都控制着镜头光斑的某一特定方面。光斑由八个基本部分组成。光斑的每一个部分都在"镜头效果光斑"界面中各自的面板上进行控制。镜头光斑的各个部分能够单独激活和取消激活，以便创建不同的效果。

首选项：此页面控制是否通过打开或者关闭镜头光斑的特定部分（例如射线或星形）来对其进行渲染。还可以控制镜头光斑的轴向透明度，如图 6-39 所示。

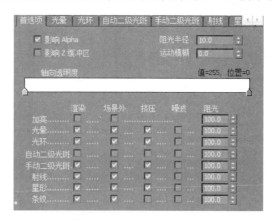

图 6-39 "首选项"选项卡

- 影响 Alpha：指定以 32 位文件格式渲染图像时，镜头光斑是否影响图像的 Alpha 通道。
- 影响 Z 缓冲区：Z 缓冲区会存储对象与摄影机之间的距离。
- 阻光半径：光斑中心周围半径，它确定在镜头光斑跟随在另一个对象后时，光斑效果何时开始衰减。
- 运动模糊：确定是否使用"运动模糊"渲染设置动画的镜头光斑。
- 轴向透明度：标准的圆形透明度渐变，会沿其轴并相对于其源影响镜头光斑二级元素的透明度。这使得二级元素的一侧要比另外一侧亮，同时使光斑效果更加具有真实感。
- 渲染：指定是否在最终图像中渲染镜头光斑的每个部分。
- 场景外：指定其源在场景外的镜头光斑是否影响图像
- 挤压：指定挤压设置是否影响镜头光斑的特定部分。

- 噪波：定义是否为镜头光斑的此部分启用噪波设置。
- 阻光：定义光斑部分被其他对象阻挡时其出现的百分比。
- 加亮：通过选中此项来确定是否为环境增加亮度。
- 光晕：以光斑的源对象为中心的常规光晕。可以控制光晕的颜色、大小、形状和其他方面，如图 6-40 所示。
- 光环：围绕源对象中心的彩色圆圈。可以控制光环的颜色、大小、形状和其他方面，如图 6-41 所示。
- 自动二级光斑：通常看到的小圆圈，会从镜头光斑的源显现出来，如图 6-42 所示。

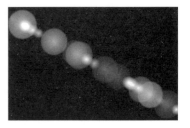

图 6-40 "光晕"效果 　　　　图 6-41 "光环"效果 　　　　图 6-42 "自动二级光斑"效果

- 手动二级光斑：添加到镜头光斑效果中的附加二级光斑。它们出现在与自动二级光斑相同的轴上而且外观也类似，如图 6-43 所示。
- 射线：从源对象中心发出的明亮的直线，为对象提供很高的亮度，如图 6-44 所示。
- 星形：从源对象中心发出的明亮的直线，通常包括 6 条或多于 6 条辐射线(而不是像射线一样有数百条)。"星形"通常比较粗并且要比射线从源对象的中心向外延伸得更远，如图 6-45 所示。

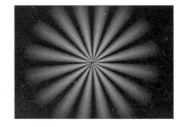

图 6-43 "手动二级光斑"效果 　　　　图 6-44 "射线"效果 　　　　图 6-45 "星形"效果

- 条纹：穿越源对象中心的水平条带，如图 6-46 所示。
- 噪波：在光斑效果中添加特殊效果，要与其他光斑效果配合使用，如图 6-47 所示。

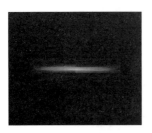

图 6-46 "条纹"效果 　　　　　　图 6-47 "噪波"效果

5. 镜头效果焦点

"镜头效果焦点"对话框可用于根据对象距摄影机的距离来模糊对象,如图 6-48 所示。

图 6-48 "镜头效果焦点"对话框

位于面板左侧的设置可用于选择模糊场景的方法,位于对话框右侧的设置可用于确定应用于场景的模糊量。

场景模糊:将模糊效果应用到整个场景,而非场景的一部分。

径向模糊:从帧的中心开始,将模糊效果以径向方式应用到整个场景。

焦点节点:用于选择场景中的特定对象,将其作为模糊的焦点。选定的对象保留在焦点中,而模糊"焦点限制"设置外的对象。

选择:选择单一 3ds Max 对象以用作焦点对象。

影响 Alpha:如选定此项,当渲染为 32 位格式时,同时也将模糊效果应用到图像的 Alpha 通道。

水平焦点损失:指定以水平(X 轴)方向应用到图像中的模糊量。

锁定:同时锁定水平和垂直方向的损失设置。

垂直散点损失:指定以垂直(Y 轴)方向应用到图像中的模糊量值的范围为 0~100% 散点损失。

焦点范围：指定距离图像中心的距离，或距离模糊效果开始处的摄影机的距离。

焦点限制：指定距离图像中心的距离，或距离模糊效果达到最大强度处的摄影机的距离。

6．镜头效果光晕

"镜头效果光晕"对话框可以用于在任何指定的对象周围添加有光晕的光环，如图 6-49 所示。

图 6-49 "镜头效果光晕"效果

7．镜头效果高光

使用"镜头效果高光"对话框可以指定明亮的、星形的高光。将其应用在具有发光材质的对象上，如图 6-50 所示。

图 6-50 "镜头效果高光"效果

8．底片过滤器

"底片过滤器"反转图像的颜色，使其反转为类似彩色照片底片，如图 6-51 所示。

9．伪 Alpha 过滤器

"伪 Alpha 过滤器"根据图像的第一个像素创建一个 Alpha 图像通道。所有与此像素颜色相同的像素都会变成透明的。由于只有一种像素颜色变为透明，所以不透明区域的边缘将变成锯齿形状。此过滤器主要用于希望合成格式不带 Alpha 通道的位图。

图 6-51 "底片过滤器"效果

10. 简单擦拭过滤器

"简单擦拭过滤器"使用擦拭变换显示或擦除前景图像,如图 6-52 所示。

图 6-52 "简单擦拭过滤器"效果

11. 星空过滤器

"星空过滤器"使用可选运动模糊生成具有真实感的星空。"星空过滤器"需要摄影机视图,如图 6-53 所示。

图 6-53 "星空过滤器"效果

6.2.3 Video Post 视频合成技术

Video Post 不但可以完成对图像特效的制作,还可以用于视频的合成。在 Video Post 中通过图像层事件、图像输入事件和图像过滤器事件等多种事件的配合使用可以很好地完成对于视频的合成。

1. Alpha 合成器

"Alpha 合成器"使用前景图像的 Alpha 通道将两个图像合成。背景图像将显示在前景图像 Alpha 通道为透明的区域。

2. 交叉淡入淡出合成器

"交叉淡入淡出合成器"随时间将这两个图像合成,从背景图像交叉淡入淡出至前景图像。交叉淡入淡出的速率由"交叉淡入淡出合成器"过滤器的时间范围长度确定。"交叉淡入淡出合成器"会随时间将一个图像淡入到另一个图像,如图 6-54 所示。

图 6-54 "交叉淡入淡出合成器"效果

3. 伪 Alpha 合成器

"伪 Alpha 合成器"按照前景图像左上角的像素创建前景图像的 Alpha 通道从而比对背景合成前景图像。前景图像中使用此颜色的所有像素都会变为透明的,如图 6-55 所示。

图 6-55 "伪 Alpha 合成器"效果

4. 简单加法合成器

"简单加法合成器"使用第二个图像的强度(HSV值)来确定透明度以合成两个图像。完全强度(255)区域为不透明区域,零强度区域为透明区域,中等透明度区域是半透明区域,如图6-56所示。

图6-56 "简单加法合成器"效果

5. 简单擦拭合成器

"简单擦拭合成器"使用擦拭变换显示或擦除前景图像。不同于擦拭过滤器,"擦拭层"事件会移动图像,将图像滑入或滑出。擦拭的速率取决于"擦拭"合成器时间范围的长度。"擦拭"通过随时间从一面擦向另一面来显示图像,如图6-57所示。

图6-57 "简单擦拭合成器"效果

 ### 6.2.4 实例——太阳的制作

利用3ds Max之中的"视频后期处理工具(也称Video Post)",可以给模型制作出许多实用而优秀的效果。

下面以太阳的模型为例进行操作,添加一个球体,再以视角添加摄影机,并在球体上添加"噪波"材质,如图6-58所示。

(1)先建立场景中制作一个太阳模型,并在场景中加入一个摄影机,如图6-59所示。

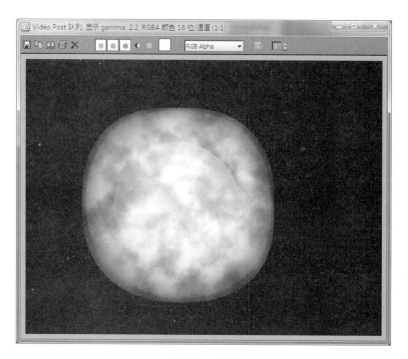

图 6-58　太阳

图 6-59　球体在场景中的效果

（2）如图 6-60 所示，选择"渲染"|"视频后期处理"命令，打开 Video Post 对话框。

（3）在 Video Post 对话框中单击"添加场景事件"按钮，在弹出的"添加场景事件"对话框中选中 Camera001，如图 6-61 所示，再单击"确定"按钮。

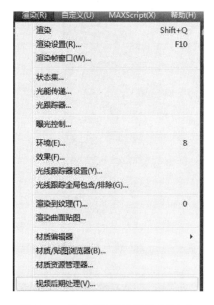

图 6-60　选择"视频后期处理"命令

图 6-61　"添加场景事件"对话框

（4）在 Video Post 对话框中单击"添加图像过滤器事件"按钮，出现"添加图像过滤事件"对话框，在下拉列表框中选中"镜头效果光晕"选项，然后单击"确定"按钮，如图 6-62 所示。

图 6-62　"添加图像过滤事件"对话框

（5）选择模型，右击选择模型的"对象属性"命令，将模型的"G 缓冲区"对象 ID 设置为 1。如图 6-63 所示。

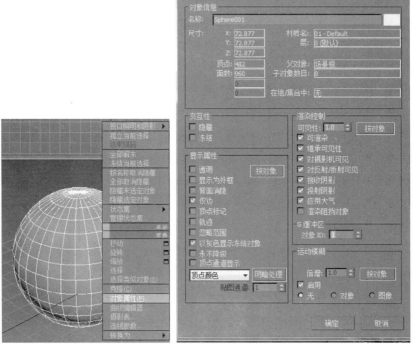

图 6-63   打开"对象属性"对话框

（6）在 Video Post 对话框中双击镜头光晕事件，在"编辑过滤事件"对话框中单击"设置"按钮，如图 6-64 所示。

图 6-64   选择"镜头光晕"设置

（7）选中"对象 ID"，在"镜头效果光晕"对话框中打开"预览"和"VP 队列"对场景效果进行预览，如图 6-65 所示。

（8）进入"噪波"选项卡，单击"气态"，选中"红""绿""蓝"三项，调整参数"大小""速度""基准"等，制作动画效果，设置如图 6-66 所示。

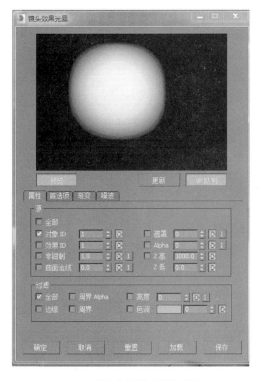
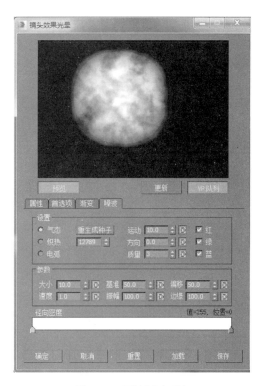

图 6-65　"镜头效果光晕"对话框　　　　　　图 6-66　"噪波"选项卡

（9）在"渐变"选项卡中，调整颜色，参数设置如图 6-67 所示。

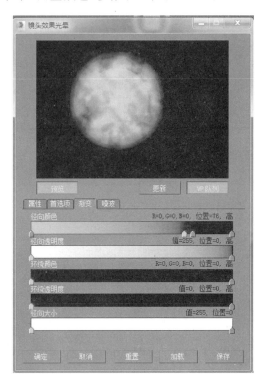

图 6-67　"手动二级光斑"选项卡

第6章　环境、效果与渲染

（10）在 Video Post 对话框中,单击"执行"按钮 ⚒️,出现"执行 Video Post"对话框,对渲染的图像大小等进行设置,时间输出设置为"单个",单击"确定"按钮进行渲染,如图 6-68 所示。

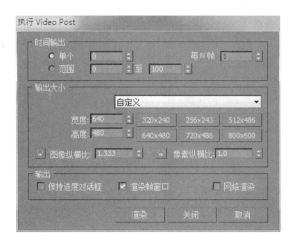

图 6-68 "执行 Video Post"对话框

（11）完成效果如图 6-69 所示。

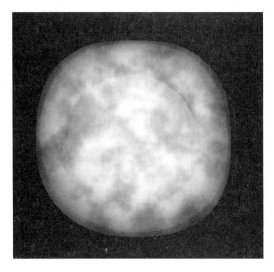

图 6-69 完成效果

6.3 渲 染 技 术

渲染是动画制作中关键的一个环节,但不一定是在最后完成时才需要。渲染就是依据所指定的材质、所使用的灯光,以及诸如背景与大气等环境的设置,将在场景中创建的几何体实体化显示出来,也就是将三维的场景转为二维的图像,更形象地说,就是为创建的三维场景拍摄照片或者录制动画。

6.3.1 渲染面板

单击渲染场景对话框按钮 ，可打开渲染场景对话框，显示各种渲染参数设置，如图 6-70 所示。

在渲染场景对话框中包含 5 个选项卡，这 5 个选项卡根据指定的渲染器不同而有所变化，每个选项卡中包含一个或多个或者多个卷展栏，分别用于对各渲染项目进行设置。下面对设置为 3ds Max 默认扫描线渲染器时所包含 5 个子标签面板做简单介绍。

1. 公用

此选项卡中的参数适用于所有渲染器，并且在此选项卡中进行指定渲染器的操作，共包含 4 个卷展栏：公用参数、电子邮件通知、脚本和指定渲染器。

2. 渲染器

同于根据设置指定渲染器的各项参数，根据指定渲染器的不同，该面板中可以分别对 3ds Max 的默认扫描线渲染器和 Mental Ray 渲染器的各项参数进行设置，如果安装了其他渲染器，这里还可以对外挂渲染器参数进行设置。

3. Render Elements

在这里能够根据不同类型的元素，将其渲染为单独的图像文件，以便于在软件中进行后期合成。

图 6-70 渲染设置

4. 光线跟踪器

用于对 3ds Max 的光线跟踪器进行设置，包括是否应用抗锯齿、反射或折射的次数等。

5. 高级照明

高级照明卷展栏用于选择一个高级照明选项，并进行相关参数设置。

6.3.2 渲染器的指定

在指定渲染器卷展栏中可以进行渲染器的更换，只要单击选择渲染器按钮，就可以指定其他的渲染器作为当前的渲染器了，指定渲染器的位置如图 6-71 所示。

左侧列表用于显示可以指定的渲染器，但不包括当前使用的渲染器，在左侧列表选择一个要使用的渲染器，然后单击"确定"按钮，如图 6-71(b)所示，即可以改变当前渲染器，结果如图 6-72 所示。

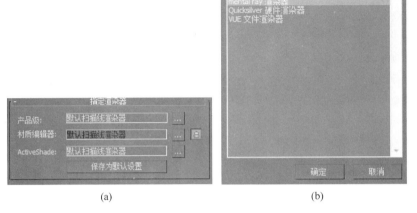

(a)　　　　　　　　　　(b)

图 6-71　指定渲染器

图 6-72　渲染

6.4 练习与实验

1. 填空题

(1) 3ds Max 在大气装置有＿＿＿＿、＿＿＿＿ 和 ＿＿＿＿三大类。

(2) 3ds Max 中，＿＿＿＿、＿＿＿＿大气效果需要有大气装置才可以使用。

(3) 在 Video Post 用＿＿＿＿镜头效果可以制作出灯光的光晕效果。

(4) 在 Video Post 用＿＿＿＿镜头效果可以制作出灯光的炫光效果。

2. 选择题

(1) 3ds Max 的图像层事件有(　　)种。

    A. 3   B. 4   C. 5   D. 6

(2) 3ds Max 的大气效果有(　　)种。

    A. 3   B. 4   C. 5   D. 6

(3) 要制作云朵的效果，应使用(　　)大气效果。

    A. 火   B. 雾   C. 体积雾   D. 体积光

3. 简答题

(1) 简述自由"雾"与"体积雾"的区别。

(2) 什么是 Video Post 队列？

(3) 简述镜头效果光斑的种类。

4. 实验

(1) 制作火焰效果，如图 6-73 所示。

(2) 制作镜头效果光斑效果，如图 6-74 所示。

图 6-73　火焰效果　　　　　　　　　　图 6-74　"镜头效果光晕"效果

真正全部使用 3ds Max 完成的电影是《龙与地下城》,当时 3ds Max 还没这么多耀眼的渲染器,3ds Max 发挥到这个程度也不容易了。随着版本的更新,计算机技术的进步,《2012》《变形金刚》等电影熟练运用渲染和动画,可以使我们的影视作品更加真实生动。

知识目标:学习使用动画工具。

能力目标:具备熟练掌握动画工具设置的能力。

素质目标:通过动画制作,探究运动规律和使用动画工具,培养学生的动手能力和对动画状态的细致观察。

7.1 基本动画控制

动画是将静止的画面变为动态的艺术,它和电影的原理基本一样,它是基于人的视觉原理来创建运动图像。通常的动画制作中将一系列相关的图片称作一个动画序列,其中每个单幅画面称作一帧。所谓关键帧,是指一个动画序列中起决定作用的帧,它往往控制动画转变的时间和位置。一般而言,一个动画序列的第一帧和最后一帧是默认的关键帧,关键帧的多少和动画的复杂程序有关。关键帧中间的画面称为中间帧,在 3ds Max 2011 中只需要记录每个动画序列的起始帧、结束帧和关键帧即可,中间帧会由软件自身计算完成。

7.1.1 轨迹条

轨迹条位于编辑窗口的下方,它提供了一条显示帧数的时间线,具有快速编辑关键帧的功能,其中时间滑块是用来控制设置关键帧的位置,如图 7-1 所示。

图 7-1 轨迹条

如果给场景中的对象创建了动画,当选择一个或多个对象时,轨迹条上将显示它们的所有关键帧。不同性质的关键帧分别用不同的颜色块表示,如位置、旋转和缩放对应的颜色分别是红色、绿色和蓝色,如图7-2所示。

在轨迹条上任意右击,会弹出其快捷菜单,在时间滑块上右击,会弹出设置当前关键帧的快捷菜单,如图7-3所示。

图7-2 不同颜色块

图7-3 快捷菜单

7.1.2 时间控制

"时间控制"区域在轨迹条的右下方,它的功能是自动或手动设置关键帧、显示动画时间、选择动画的播放方式以及动画的时间配置等。

在3ds Max 2011中可以使用以下工具对动画进行控制。

轨迹视图:在一个浮动窗口中提供细致调整动画的工具。在这个窗口中可对物体的动画轨迹进行编辑、修改和设定,如图7-4所示。

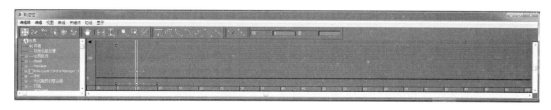

图7-4 曲线编辑器

运动面板:此面板被放置在命令面板区,通过使用这个命令面板可以调整变换控制器影响动画的位置,旋转和变化,如图7-5所示。

层级面板:使用此面板可调整两个或多个链接对象的所有控制参数。可以对对象的轴点、反向动力、链接关系进行设定,如图7-6所示。

时间滑块:用来控制场景中当前时间位置,在设定对象关键帧时的时间依据。

动画锁定:用来对场景对象的关键帧参数进行锁定。

时间配置:用来对场景中的时间长度及时间范围进行设定的工具。

图 7-5　运动面板

图 7-6　层级面板

7.2　轨 迹 视 图

　　制作简单的动画使用自动记录关键帧就可以完成,但如果要制作比较复杂的动画,仅仅靠创建关键帧很难达到理想的效果,且比较烦琐。这时就需要通过轨迹视图来编辑动画的功能曲线以完成动画的制作,而且在进行修改的时候也比较方便。

7.2.1　概述

　　轨迹视图是 3ds Max 2011 的总体控制窗口和动画编辑的中心,在其动画项目列表中结构清晰地列出了场景中的全部对象的层级结构以及场景中所有可以进行动画设置的参数项目。在轨迹视图中,可以如同在运动命令面板中一样为每个可动画项目指定动画控制器;还可以精确编辑动画的时间范围、关键点与动画曲线,为动画增加配音,并使声音节拍与动作同步对齐。

7.2.2　菜单栏

　　菜单栏显示在"功能曲线"编辑器、"摄影表"和展开的轨迹栏布局的顶部。"轨迹视图"菜单栏是上下文形式的,其可以在"曲线编辑器"和"摄影表"模式之间更改。"轨迹视图"菜单栏中的命令也可以使用"曲线编辑器"和"摄影表"工具栏进行访问。然而,有些工具只能在工具栏中找到,不会显示在菜单中。

模式：用于在"曲线编辑器"和"摄影表"之间进行选择，如图 7-7 所示。

控制器：指定、复制和粘贴控制器，并使它们唯一，还可以添加循环，如图 7-8 所示。

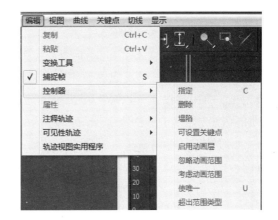

图 7-7　模式菜单　　　　　　　　　图 7-8　"控制器"菜单

轨迹：添加注释轨迹和可见性轨迹，如图 7-9 所示。

关键点：还包括软选择、对齐到光标和捕捉帧，如图 7-10 所示。

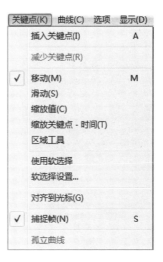

图 7-9　轨迹菜单　　　　　　　　　图 7-10　关键点菜单

7.2.3　工具栏

轨迹视图工具栏中的工具主要用于导航关键点或曲线的控件，如图 7-11 所示。

图 7-11　工具栏

水平最大化显示关键点：单击该按钮可以在水平方向上最大化显示选定的关键点。

最大化显示值范围：单击该按钮可以最大化显示关键点的值范围。

隔离曲线:隔离当前选择的动画曲线,使其单一显示。使用这种方法可以很方便地调节单个曲线。

缩放区域:使用该工具可以款选出一个矩形缩放区域,松开鼠标左键后这个区域将充满窗口。

缩放:使用该工具可以在水平和垂直方向上缩放时间的视图。

框显水平范围:单击该选项可以在水平方向上最大化显示轨迹视图。

框显值范围:单击该按钮可以最大化显示关键点的值。

平移:使用该工具可以平移轨迹视图。

缩放值:使用该工具可以在垂直方向上缩放值视图。

缩放时间:使用该工具可以在水平方向上缩放视图。

7.3 小球弹跳效果实例

本例将使用轨迹视图的曲线编辑器制作一个球体运动的效果。

(1)首先创建一个平面和一个球体,选择球体,在界面下面的参数栏中将Z轴文本框的数字修改为80,这样小球就向上移动了80个单位。

(2)打开自动关键帧记录,这时时间线上显示为红色,拖动时间滑块到第5帧,结果如图7-12所示。

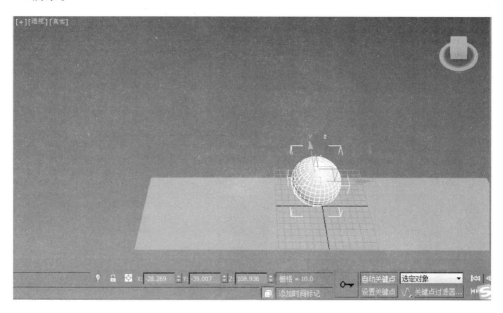

图7-12 小球设置动画

(3)把小球沿Z轴向下移动80个单位,这时看见时间线的第5帧出现了一个红色的关键帧,说明一个位移动画被记录,如图7-13所示。

(4)关闭自动关键帧记录按钮,按住键盘上的Shift键,把0帧上的第一个红色关键帧向第10帧处拖动,那么就在第10帧处复制了一个0帧状态关键帧,如图7-14所示。

图 7-13　动画记录

图 7-14　关键帧复制

（5）左右拖动时间滑块，会发现小球产生一个上下弹跳的动作，不过现在的动作只有 10 帧，所以就需要找到一种可以自动生成动作的手法，这时打开轨迹视图-曲线编辑器。

（6）打开后看到有 3 个位置轴向显示的是蓝色的，说明在 X、Y、Z 这 3 个位置轴向都有位移关键帧存在。右边图形表示的是：选择的轴向上的关键帧的表现形式，在曲线编辑器中它是以曲线的形式存在的，有时也是直线。3 个轴向为 3 个颜色的曲线，X 轴向显示红色线，Y 轴向显示绿色线，Z 轴向显示蓝色线，如图 7-15 所示。

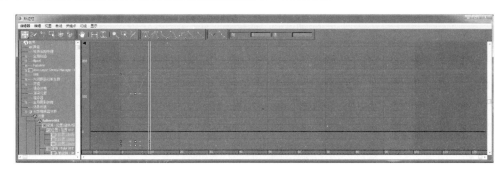

图 7-15　曲线编辑器设置

（7）按住 Ctrl 键并单击 Z 轴向，这时显示的是 X、Y 轴向的曲线，可以看到它们是平的，说明并没有数值变化，可以圈选它们并且删除。

（8）选择 Z 轴，单击"控制器"，在菜单中找到"超出范围类型"并打开超出范围类型对话框，如图 7-16 所示。

（9）使用参数曲线超出范围类型的优点是当对一组关键点进行更改时，所做的更改会反映到整个动画中，选择"周期"方式，单击"确定"即可，如图 7-17 所示。

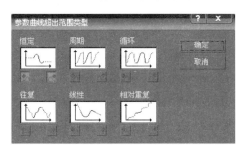

图 7-16　范围类型对话框

图 7-17　周期方式

（10）在经过前面的步骤之后，现在可以单击播放按钮播放动画了，可以看到第 10 帧以后的也有了同样的动作，不过由于关键帧之间距离太短，所以显得小球的弹跳有些急促，遇到这种情况，可以使用关键帧缩放工具缩放关键帧。单击关键帧缩放工具，然后选中曲线上的 3 个关键帧,接着向右拖动最右边的关键帧到第 20 帧,这时再次单击播放按钮,可以看到小球的运动不是那么急促了,如图 7-18 所示。

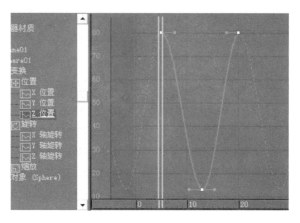

图 7-18　编辑器设置

(11) 执行"视图"|"显示重影"命令,这个功能可以在动画中显示重影,再次播放动画,观察小球的运动,还是有别于真实的小球反弹的运动,现在修改第 10 帧的差值,打开轨迹视图,选中第 10 帧,可以看到两个滑杆,按住 Shift 键把左右两边的调节柄向上拖动,如图 7-19 所示。

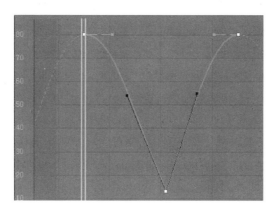

图 7-19　调节柄拖动

(12) 播放动画,查看小球的运动,现在应该是下降时呈加速状,上升时呈减速状。小球的运动应该是越跳越低,那么这个特征的表现需要通过强度曲线命令来实现,选择 Z 轴,然后单击"命令曲线"|"增强曲线"命令,接着调节这个曲线,调节的形状如图 7-20 所示。

(13) 接着让小球向前跳,只需要打开自动关键帧记录,拖动滑块到第 100 帧,在 X 轴上输入 280 个单位,如图 7-21 所示。

(14) 打开试图轨迹,可以发现小球在 X 轴方向的运动轨迹不均匀,这是因为在 X 轴方向的关键帧动画曲线默认是不匀速的,也就不是直线,选择"X 位置",在右边的曲线上圈选两个关键点,然后单击右上角的直线按钮 ⬚ ,把它改为直线,如图 7-22 所示。

(15) 现在播放动画,小球运动基本完成了,渲染得到最后的效果,如图 7-23 所示。

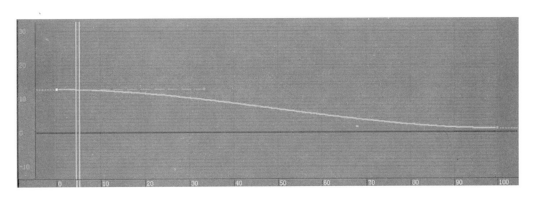

图 7-20　调节的形状

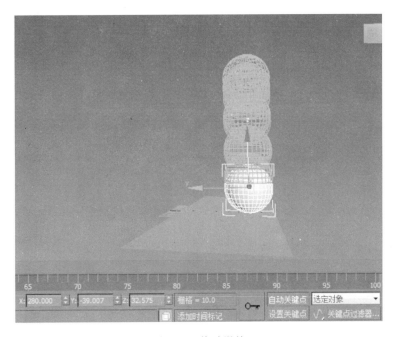

图 7-21　拖动滑块

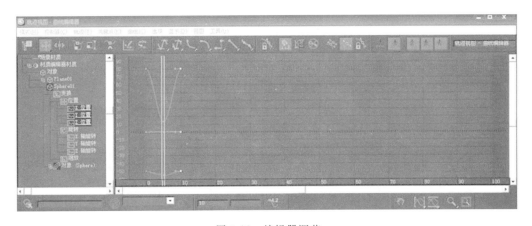

217

图 7-22　编辑器调节

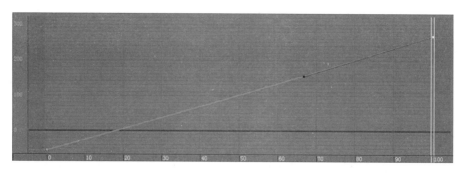

图 7-23 小球弹跳动画效果

7.4 约束的概念与类型

所谓"约束",就是将事物的变化限制在一个特定的范围内。将两个或多个对象绑定在一起后,使用"动画"|"约束"菜单下的子命令可以控制对象的位置、旋转或缩放。"动画"|"约束"菜单下包含 7 个约束命令,分别是"附着约束""曲面约束""路径约束""位置约束""链接约束""注视约束"和"方向约束",如图 7-24 所示。

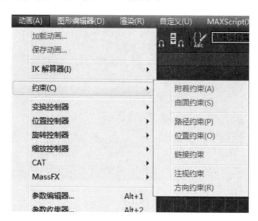

图 7-24 "约束"菜单

附着约束:将一个对象的位置附着到另一个对象的面上。

曲面约束:将对象限制在另一对象的表面上。

路径约束:将一个对象沿着样条线或在多个样条线间的平均距离间的移动进行限制。

位置约束:引起对象跟随一个对象的位置或者几个对象的权重平均位置。

链接约束:创建对象与目标对象之间彼此链接的动画。

注视约束:控制对象的方向,并使它一直注视另一个对象。

方向约束:用于制作动画。

7.4.1 路径约束

使用"路径约束"(这是约束里面最重要的一种)可以将一个对象沿着样条线或在多个样条线间的平均距离间的移动进行限制,其参数设置面板如图 7-25 所示。

图 7-25　参数设置面板

7.4.2　路径参数卷展栏参数作用

添加路径 添加路径：添加一个新的样条线路径使之对约束对象产生影响。

删除路径 删除路径：从目标列表中移除一个路径。

目标/权重：该列表用于显示样条线路径及其权重值。

权重：每个目标指定并设置动画。

%沿路径：设置对象沿路径的位置百分比。

跟随：在对象更随轮廓运动的同时将对象指定给轨迹。

倾斜：当对象通过样条线的曲线时允许对象倾斜(滚动)。

倾斜量：调整这个量使倾斜从一边或者另一边开始。

平滑度：控制对象在经过路径中的转弯时翻转角度改变的快慢程度。

允许翻转：启用该选项后，可沿着路径提供一个恒定速度。

循环：在一般情况下，当约束对象到达路径末端时，它不会越过末端点。而"循环"选项可以改变这一行为，当约束对象到达路径末端时会循环回起点。

相对：启动该选项后，可以保持约束对象的原始位置。

轴：定义对象的轴与路径对齐。

7.4.3 实例——路径约束动画

 实例 路径约束动画制作

1. 创建运动路径

（1）打开 3ds Max，激活顶视图，单击"创建"|"样条线"|"线"按钮，在场景中创建一条曲线，如图 7-26 所示。

（2）在修改列表中，可以进入曲线的点层级为曲线调整形状。

（3）如何想要场景丰富，有很多鱼游动，可以复制曲线，并调整成不同形态。

2. 导入鱼的模型

（1）在菜单栏中单击"文件"|"导入"|"导入"按钮。

（2）选择需要的鱼类模型，依次导入进场景，如图 7-27 所示。

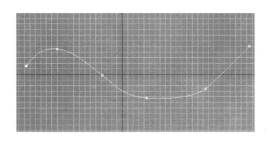

图 7-26 在顶视图创建曲线

图 7-27 导入鱼模型

注：导入模型后，如果材质丢失，可以重新指定一下材质贴图的路径。

3. 路径动画制作

（1）选择"鱼"的模型。

（2）在菜单栏中单击"动画"|"约束"|"路径约束"按钮，如图 7-28 所示。将约束虚线拖曳到曲线上，模型即可连接到路径上，如图 7-29 所示。

图 7-28 路径约束

图 7-29 路径约束效果

（3）现在播放动画，鱼的方向和运动的方向不符合，是因为模型的轴向与路径轨迹没有设置好。

（4）选择模型，进入运动面板，即可看到"路径参数"卷展栏，如图 7-30 所示。

（5）打开"路径参数"卷展栏，在"路径选项"下，选中"跟随"选项，接着设置"轴"为 Y 轴，如图 7-31 所示。

（6）最终效果如图 7-32 所示。

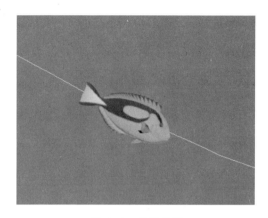

图 7-30　进入"运动"面板　　　　图 7-31　设置为 Y 轴　　　　图 7-32　最终效果

7.5　练习与实验

1. 填空题

（1）在 3ds Max 2011 中，只需要记录每个动画序列的_____、_____和_____即可，中间帧会由软件自身计算完成。

（2）轨迹条位于_____的下方，它提供了一条显示帧数的_____，具有快速编辑_____的功能，其中_____是用来控制设置_____的位置。

（3）_____ 在轨迹条的右下方，它的功能是_____、_____、_____，以及_____等。

2. 选择题

（1）动画出现了不同的格式，在这些格式中最常见的两种，电影使用（　　）FPS。

　　A. 36　　　　　　　B. 24　　　　　　　C. 48　　　　　　　D. 56

（2）Max 测量时间并按（　　）秒来存储动画值。

　　A. 1/3600　　　　　B. 1/2400　　　　　C. 1/1200　　　　　D. 1/4800

3. 简答题

（1）简述轨迹视图的作用。

（2）简述"轨迹视图"的"曲线编辑器"和"摄影表"模式。

4．实验

制作钟表摆动效果，如图 7-33 所示。

图 7-33　钟表摆动效果

第8章　动力学与粒子系统

【学习导入】

随着学习的深入，摆在我们面前的难题是如何表现真实世界中的动力学和粒子系统，因此本章的学习显得尤为重要。

【学习目标】

知识目标：理解动力学和粒子系统的概念和使用方法。

能力目标：具备熟练掌握动力学和粒子系统设置的能力。

素质目标：通过动力学与粒子系统的学习与研究，来模拟真实世界的物理规律，提高学生对 3ds Max 的学习兴趣，提升学生的好奇心与求知欲。

8.1　reactor 动力学系统

reactor 是一个不可多得的动画利器，它不仅可以模拟出准确的动力学动画效果或复杂的物理场景，而且速度非常快。reactor 支持完全整合的刚体和软体动力学、Cloth 模拟和流体模拟。它可以模拟枢连物体的约束和关节。它能够使用 OpenGL 特性，实时进行刚体、软体的碰撞计算，还可以模拟绳索、布料和液体等动画效果，也可以模拟关节物体的约束和关节活动，并支持风力、马达驱动等物理行为。

8.1.1　reactor 动力学

在 3ds Max 2011 中创建物体后，可在 reactor 中为这些物体指定物理属性，如质量、摩擦力、弹性等。这些物体可以是固定不动的，也可以是处于自由状态的，或通过各种约束结合在一起。通过为这些物体指定物理特性，可以方便快捷地模拟出现实世界中的各种动画。

在 3ds Max 2011 中，可以通过多种途径调用 reactor 的动力学功能。例如，在创建命令面板中单击 ⬜ 按钮，从辅助对象下拉列表中选择 reactor 选项，在该面板中可以找到大多数 reactor 对象，如图 8-1 所示。reactor 动力学菜单在 3ds Max 中的位置如图 8-2 所示，reactor 面板如图 8-3 所示。

8.1.2　刚体和约束

通常在大多数场景中，最基本的物体都属于刚体。刚体是指形

图 8-1　reactor 选项

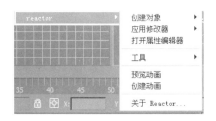

图 8-2　reactor 菜单

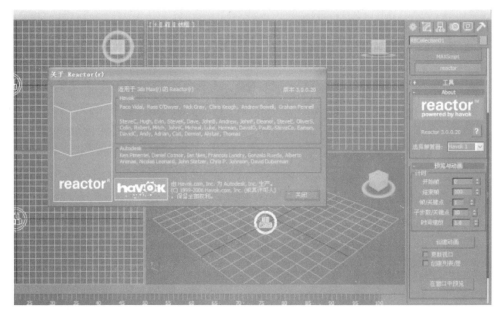

图 8-3　reactor 面板

状不会发生改变的一类物体，刚体也可以作为其他类型物体的初始状态，例如可以将一个刚体转变为软物体。

　　可以使用场景中的任何几何体来制作刚体。刚体可以是单个对象，也可以是构成几个组合在一起的对象，称为复合刚体。如果将几何形状随时间变化的对象指定为刚体，那么模拟中使用它在开始帧的几何形状。

　　reactor 允许指定每个实体在模拟中所拥有的物理属性，如质量、摩擦，以及该实体是否可与其他刚体碰撞，如图 8-4 所示。可以为刚体指定代理几何体，它可以使 reactor 将刚体视为一个更容易模拟的外形，以便进行模拟，还可以指定预览模拟时显示刚体的方式。

　　只有在把对象添加到刚体集合中后，才会将其作为刚体进行模拟。可以在执行该操作之前或之后可以编辑它的刚体属性，如图 8-5 所示。

　　使用 reactor，可以简单地将刚体属性指定给对象并将这些对象添加到刚体集合中，从而轻松创建简单物理模拟。当运行模拟时，对象可以从空中降落、互相滑动、相互反弹等等。然而，假设要模拟真实世界

图 8-4　刚体选项

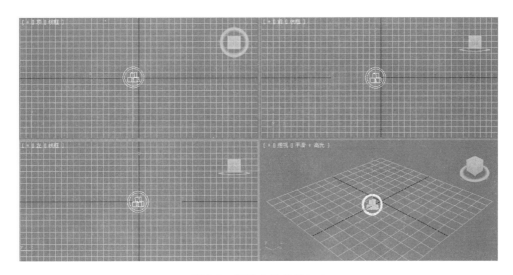

图 8-5　视图中的表现(一)

场景,例如某人推开一扇门。例如,如何确保门这个刚体不会倒在地面上,或者确保当推动门时它会向正确的方向旋转呢?

若要完成此操作,可使用约束。使用约束可以限制对象在物理模拟中可能出现的移动。根据使用的约束类型,可以将对象铰接在一起,或用弹簧将它们连在一起(如果对象被拉开的话,弹簧会迅速恢复),甚至可以模拟人体关节的移动。可以使对象彼此约束,或将其约束到空间中的点。

8.1.3　可变形体

反应器中的刚体对象可以模拟真实世界中不可变形的物体,也可以在动画模拟过程中产生可以变形的对象。软体对象的几何结构在模拟过程中可以发生位置变换、弯曲、折曲、延展,还可以受到场景中的其他对象的影响。

在反应器中创建一个可变形对象,通常可以首先创建一个网格或样条模型作为对象的基础形态,然后再为其指定一个特殊的修改编辑器,接着为该对象指定附加的物理属性。

1. Cloth(织物)

1) Cloth 修改编辑器

使用 Cloth 修改编辑器可以将任何几何结构转换为可变形的网格,可用于模拟窗帘、衣物、桌布、纸张或金属片,并可以为织物对象指定一些特殊的属性,例如硬度和折痕属性等,如图 8-6 和图 8-7所示。

2) Cloth 集合

Cloth 集合是一个 reactor 辅助对象,可以作为织物对象的容器。在运行动画模拟的过程中,场景中的织物集合被侦测,如果织物集合处于激活状态,则其中包含的所有织物对象都被加入到模拟中。

图 8-6　Cloth 选项

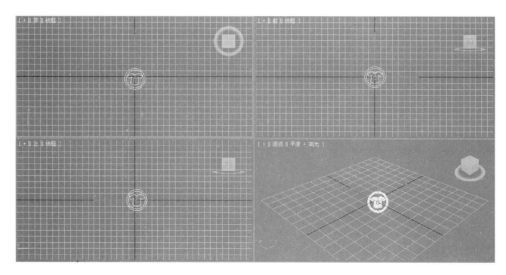

图 8-7　视图中的表现(二)

2. 软体对象

1)软体对象修改器

使用"软体对象修改器"可以将刚体对象转换为可变形的三维闭合三角网格,在动画模拟过程中,软体对象可以弯折和压扁。为了对软体对象进行动画模拟,首先要将其加入到软体集合中,如图 8-8 所示。

2)FFD(自由变形)软体对象

在 FFD 软体对象中,可变形的部分被放置在一个自由变形框格之内,对于变形框格的动画模拟会带动其内部软体对象的一同变形,如图 8-9 所示。

图 8-8　软体对象修改器

图 8-9　FFD 软体对象修改器

3）软体集合

"软体集合"是一个反应器辅助对象，可以作为软体对象的容器。在进行动画模拟的过程中，场景中的软体对象集合被侦测，如果集合处于激活状态，则其中包含的所有软体对象都被加入到模拟中如图 8-10 和图 8-11 所示。

图 8-10　软体集合选项

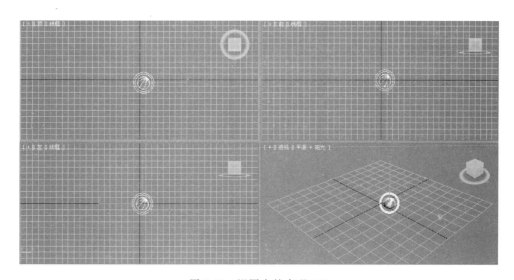

图 8-11　视图中的表现（三）

3. 绳索

1）绳索修改器

可以使用 3ds Max 中的任意样条线对象创建绳索。绳索修改器将对象转变为变形的一维顶点链。可以使用绳索对象模拟绳索以及头发、锁链、镶边和其他类似绳索的对象。绳索必须添加到绳索集合中，才能进行模拟。

2）绳索集合

"绳索集合"是一个 reactor 辅助对象，用于充当绳索的容器。在场景中放置绳索集合后，可以将场景中的任何绳索添加到集合中。在运行模拟时，将检查场景中的绳索集合，如果没有禁用集合,那么集合中包含的绳索将被添加到模拟中,如图 8-12 所示。

3) 变形网格

变形网格是指表面的节点已经被指定了关键帧的网格,例如一个动画角色的蒙皮网格。在模拟过程中,刚体对象和软体对象可以与可变形网格发生碰撞;在碰撞过程中,刚体对象和软体对象受到碰撞影响,而可变形网格则不受影响,这样就可以创建在动画角色表面穿着软体织物的效果如图 8-13 和图 8-14 所示。

图 8-12　绳索集合选项　　　　　　图 8-13　变形网格

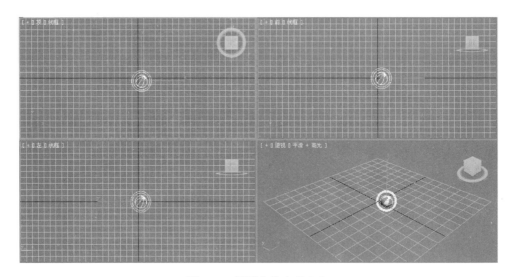

图 8-14　视图中的表现(四)

8.1.4　其他动力学工具

1. "水"对象

在反应器中,"水"对象可以模拟真实的水面效果,水中的对象可以进行真实的物理运动效果模拟,还可以创建波浪和涟漪等动态水面效果。反应器依据水中对象的质量和尺寸计算浮力的大小,有些对象下沉,有些对象浮在水面。可以改变"水"对象的密度数值,已决定哪些对象可以浮在水面上,其在面板中的位置及表现如图 8-15 和图 8-16 所示。

图 8-15　"水"对象选项

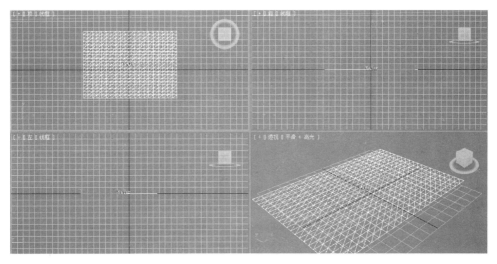

图 8-16　视图中的表现(五)

2. "风"对象

使用"风"帮助对象可以在场景中创建风的效果,例如,可以模拟微风吹动窗帘的效果。

对于风的大多数参数都可以进行动画指定,"风"帮助对象图标的方向代表风吹动的方向,还可以为图标方向的变动指定动画。其在面板中的位置及视图中的表现如图 8-17 和图 8-18 所示。

图 8-17　"风"对象选项

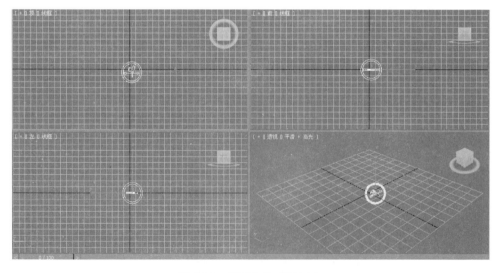

图 8-18　视图中的表现(六)

8.2 粒 子 系 统

粒子系统是 3ds Max 2011 提供的一种效果和动画制作手段,它适用于需要大量粒子的场合,3ds Max 2011 的粒子系统可以分成两种类型:非事件驱动粒子和事件驱动粒子。粒子的应用范围是广泛的,通过使用粒子,可以使场景的动感更加丰富,能够非常好地表现出作品的主题。粒子视图如图 8-19 所示。

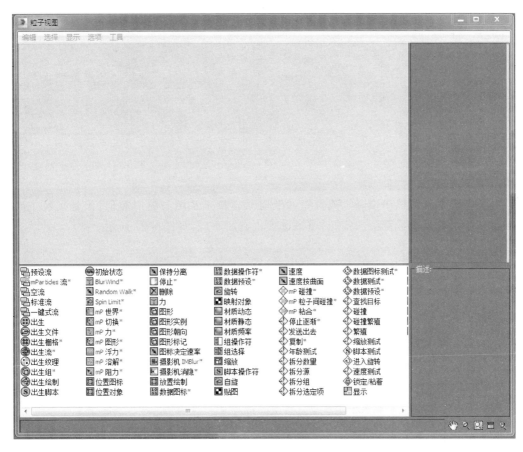

图 8-19　粒子视图

8.2.1　基本粒子系统类型

基本粒子系统模型主要包括喷射粒子系统、雪粒子系统、暴风雪粒子系统、粒子云系统、粒子阵列系统、超级喷射粒子系统。

1. 喷射粒子系统

喷射粒子系统可以模拟雨、喷泉、公园水龙带的喷水等水滴效果,如图 8-20 所示。

操作步骤为:首先单击"创建"面板中的"几何体"按钮,从下拉列表框中选择"粒子系统";然后从"对象类型"卷展栏中选择"喷射"即可。

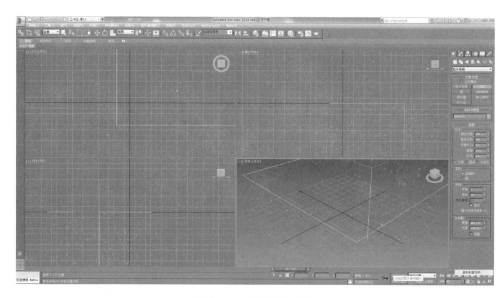

图 8-20　喷射粒子系统

2. 雪粒子系统

"雪"粒子系统可以模拟降雪或投撒的纸屑。雪粒子系统与喷射类似,但是雪粒子系统提供了其他参数来生成翻滚的雪花,渲染选项也有所不同,如图 8-21 所示。

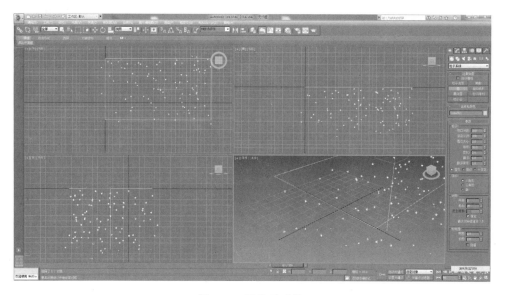

图 8-21　雪粒子系统

操作步骤为:首先单击"创建"面板中的"几何体"按钮,从下拉列表框中选择"粒子系统";然后在"对象类型"卷展栏中选择"雪"。

3. 暴风雪粒子系统

暴风雪粒子系统是雪粒子系统的高级版,如图 8-22 所示。

操作步骤为:首先单击"创建"面板中的"几何体"按钮,从下拉列表框中选择"粒子系统";然后在"对象类型"卷展栏中选择"暴风雪"。

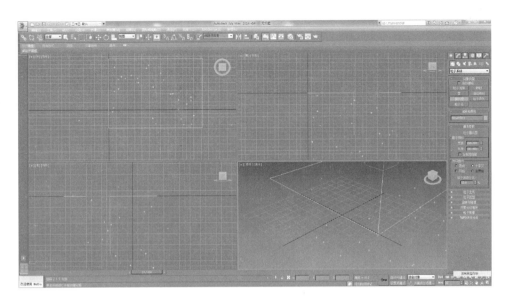

图 8-22　暴风雪粒子系统

4．粒子云系统

粒子云可以创建一群鸟、一个星空或一队在地面行军的士兵。可以使用提供的基本体积（长方体、球体或圆柱体）限制粒子，也可以使用场景中任意可渲染对象作为体积，只要该对象具有深度（二维对象不能使用粒子云系统），如图 8-23 所示。

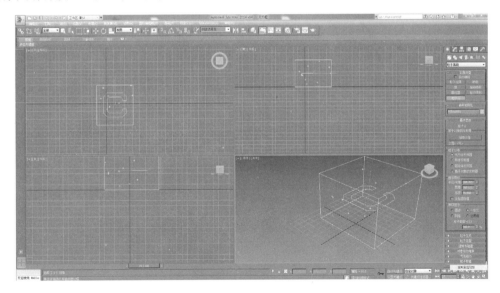

图 8-23　粒子云系统

操作步骤为：首先单击"创建"面板中的"几何体"按钮，从下拉列表框中选择"粒子系统"；然后在"对象类型"卷展栏中选择"粒子云"。

5．粒子阵列系统

粒子阵列粒子系统提供两种类型的粒子效果：

（1）可用于将所选几何体对象用作发射器模板（或图案）发射粒子，此对象在此称作分布对象；

（2）可用于创建复杂的对象爆炸效果，如图 8-24 所示。

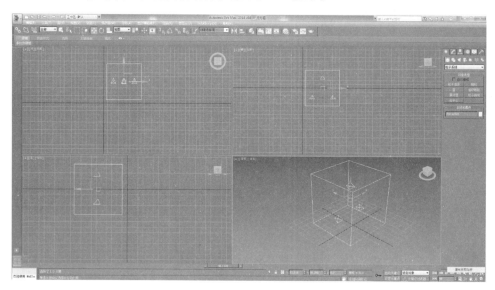

图 8-24　粒子阵列系统

操作步骤为：首先单击"创建"面板中的"几何体"按钮，从下拉列表框中选择"粒子系统"；然后在"对象类型"卷展栏中选择"粒子阵列"。

6. 超级喷射粒子系统

超级喷射粒子系统可以发射受控制的粒子喷射，此粒子系统与简单的喷射粒子系统类似，只是增加了所有新型粒子系统提供的功能，如图 8-25 所示。

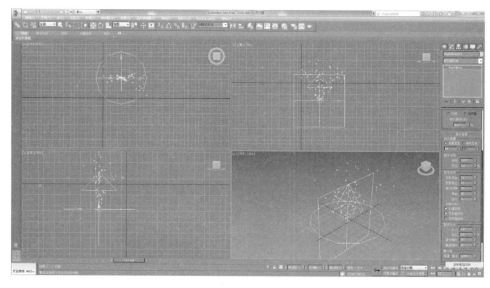

图 8-25　超级喷射粒子系统

操作步骤为：首先单击"创建"面板中的"几何体"按钮，从下拉列表框中选择"粒子系统"；然后在"对象类型"卷展栏中选择"超级喷射"。

8.2.2　基本粒子系统的重要参数

使用"基本参数"卷展栏中的选项,可以创建和调整粒子系统的大小,并拾取分布对象。此外,还可以指定粒子相对于分布对象几何体的初始分布,以及分布对象中粒子的初始速度。在此处也可以指定粒子在视图中的显示方式。

1．"粒子生成"卷展栏

1）"粒子数量"组

在该组中可以选择一种决定粒子数量的方式,如果在"粒子类型"区域中将粒子类型指定为对象碎片方式,那么该区域中的粒子数量参数无效,如图 8-26 所示。

使用速率:选中该单选按钮后,在动画的每一帧中发射相同数量的粒子。选择这种方式可以创建持续发射的效果,在下面的数值输入框中可以输入每帧发射粒子的数量。

图 8-26　"粒子数量"组

使用总数:选中该单选按钮后,指定在粒子系统寿命周期中发射粒子的总量。选择这种方式可以创建短暂喷射的效果,在下面的数值输入框中可以输入粒子的总量。

2）"粒子运动"组

"粒子运动"组包括速度、变化等选项,如图 8-27 所示。

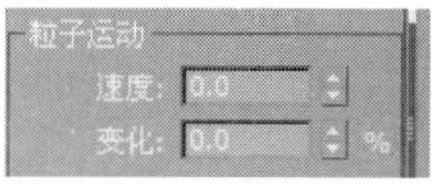

速度:指定在粒子寿命周期中粒子在每一帧中的移动距离。

变化:设置离子初始速度的变化。

图 8-27　"粒子运动"组

3）"粒子定时"组

"粒子定时"组包括发射开始、发射停止、显示时限等选项,如图 8-28 所示。

发射开始:指定粒子开始出现的动画帧。

发射停止:指定粒子被发射完的动画帧。如果选择了"物体表面碎片"粒子类型,该选项的设置无效。

显示时限:指定在哪个动画帧粒子全部消亡。

寿命:指定每个粒子被发射到消亡所持续的帧数。

变化:指定粒子寿命随机增加或减少的帧数。

子帧采样:在下面有三个复选框,用于避免粒子在一般帧处理时产生的粒子团堆积不流畅的效果,这种效果往往容易出现在发射器指定了动画的过程中。

图 8-28　"粒子定时"组

- 创建时间:选中该复选框后,通过为运动方程附加时间偏移的方式避免粒子在一般帧处理时产生的粒子团堆积不流畅的效果。如果选择"物体表面碎片"粒子类型,则该复选框无效。

- 发射器平移:选中该复选框后,如果发射器在空间平移,那么粒子同样在完整的时间内依据平移路径进行发射偏移,可以避免粒子团堆积不流畅的效果。如果选择了"物体表面碎片"粒子类型,则该复选框无效。

- 发射器旋转:如果当前发射器被指定旋转动画,就要选中该复选框,以避免产生粒子团堆积不流畅的效果,可以创建平滑螺旋发射粒子的效果。

4)"粒子大小"组

"粒子大小"组包括大小、变化、增长耗时等选项,如图8-29所示。

大小:指定所有粒子的目标尺寸,该参数可进行动画指定。对于"标准粒子",该参数指定的是粒子主尺寸;对于恒定粒子,该参数指定的是粒子渲染输出时的像素尺寸。

图8-29 "粒子大小"组

变化:指定粒子大小变化的百分率,可用于创建发射的粒子大小不一的效果。

增长耗时:指定粒子从最小尺寸增长到目标尺寸所持续的证书。

衰减耗时:指定粒子从目标尺寸萎缩到消亡所持续的证书。

5)"唯一性"组

"唯一性"组如图8-30所示。

新建:单击该按钮,随即指定一个新的种子数。

图8-30 "唯一性"组

种子数:输入指定一个种子数,它可用在相同的参数设置下产生不同的随机效果。

6)"粒子类型"组

"粒子类型"组如图8-31所示。该区域提供了标准粒子、变形球粒子、实例几何体3种粒子。选择某种粒子类形后,可随后为其设置不同的参数项。

图8-31 "粒子类型"组

(1)"标准粒子"组。

"标准粒子"组提供了三角形、立方体、特殊、面等标准的粒子,如图8-32所示。

(2)"变形球粒子参数"组。

图8-32 "标准粒子"组

变形球粒子在喷射或流动过程中可以互相碰撞融合,用于模拟真实的液体粒子流效果。"变形球粒子参数"组如图8-33所示。

张力:指定粒子的致密程度,粒子的张力越大,粒子本身越致密,也越容易与其他粒子融合在一起。

变化:指定张力效果变化的百分率。

图8-33 "变形球粒子
参数"组

计算粗糙度:在该项目中可指定计算变形球粒子的粗糙度,粗糙度数值越高,融合的计算量越小,如果粗糙度数值设置的过高,则不产生粒子融合效果;如果粗糙度数值设置的过低,则会耗费大量的计算时间。

• 渲染:指定变形球粒子渲染输出计算的粗糙度,只有取消选中"自动粗糙"复选框后,该数值框才被激活。

• 视口:指定变形球粒子视口显示计算的粗糙度,只有取消选中"自动粗糙"复选框后,该数值框才被激活。

自动粗糙：选中该复选框后，自动依据粒子的尺寸决定粗糙度的设置，一般为粒子尺寸 1/4～1/2，视觉粗糙度是渲染粗糙度的两倍。

一个相连的水滴：取消选中该复选框，所有粒子都参与融合计算；选中该复选框，只有相邻近的粒子之间才能进行融合计算，可以有效减少粒子计算的时间。

（3）实例几何体。

选中该单选按钮后，在场景中选择一个现有的对象（或链接层级对象）作为粒子，可以创建人群、天空中的鸟群、宇宙中的行星等效果。可以在"实例参数"组中设置关联集合粒子的参数，如图 8-34 所示。

图 8-34　实例几何体

2. "旋转和碰撞"卷展栏

1）"自旋速度控制"组

"自旋速度控制"组包括自旋时间、变化、相位等选项，如图 8-35 所示。

自旋时间：设置离子对象旋转一周所持续的证书，如果设置为 0，则粒子对象不旋转。

变化：指定旋转速度变化的百分比。

图 8-35　"自旋速度控制"组

相位：设置离子对象的初始旋转位置。对于碎片粒子，初始相位设置无效，碎片总是从 0 度开始旋转。

变化：指定初始相位变化的百分比。

2）"自旋轴控制"组

"自旋轴控制"组包括随机、用户定义、X/Y/Z 轴向、变化等选项，如图 8-36 所示。

随机：选中该单选按钮后，每个离子的旋转轴向是随机指定的。

用户定义：选中该单选按钮后，可以自定义一个旋转轴向。

图 8-36　"自旋轴控制"组

X/Y/Z 轴向：可以分别指定三个轴向的旋转角度，只有选中"用户定义"单选按钮后，旋转轴向设置才能被激活。

变化：指定在每个旋转轴向上旋转角度的变化量。

3）"粒子碰撞"组

"粒子碰撞"组包括启用、计算每帧间隔等选项，如图 8-37 所示。

启用：选中该复选框后，是粒子运动过程中的相交碰撞计算有效。

图 8-37　"粒子碰撞"组

计算每帧间隔：较高的数值可以使碰撞计算更为精确，碰撞效果也更为真实，但是会减慢计算的速度。

反弹：指定碰撞后粒子反弹的速度。

变化：指定反弹数值的随机变化量。

3. "对象运动继承"卷展栏

"对象运动继承"卷展栏包括影响、倍增、变化等选项，如图 8-38 所示。

图 8-38 "对象运动继承"卷展栏

影响：指定粒子受发射器运动影响的百分率。如果指定为 100，则所有粒子对象都随同发射器一起运动；如果指定为 0，则所有粒子对象都不受发射器运动的影响。

倍增：增加或减小发射器运动对粒子对象的影响，该参数可以是正值也可以是负值。

变化：指定倍增器数值变化的百分比。

4. "气泡运动"卷展栏

气泡运动效果不受空间扭曲的影响，粒子系统可以一边受空间扭曲约束进行运动，一边沿局部轴向做气泡晃动。粒子相交碰撞、导向器绑定、气泡噪波三种效果不能同时使用，否则会导致在导向器上粒子泄露，产生粒子穿透导向面的错误效果，在这种情况下可以是用贴图模拟气泡运动的效果。"气泡运动"卷展栏如图 8-39 所示。

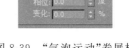

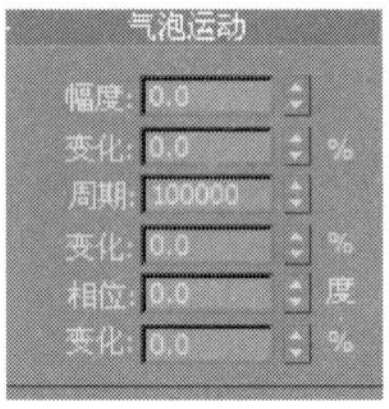

幅度：指定粒子在晃动过程中相对运动路径的偏移距离。

变化：指定每个粒子振幅变化的百分比。

图 8-39 "气泡运动"卷展栏

周期：指定粒子完成一次完整晃动(一个波峰和一个波谷)所持续的证书。一般情况下，设置为 20～30 可以产生较好的气泡运动效果。

变化：指定每个粒子周期变化的百分比。

相位：指定粒子对象开始晃动之前相对于运动路径的偏移距离。

变化：指定每个粒子相位变化的百分比。

5. "粒子繁殖"卷展栏

1)"粒子繁殖效果"组

"粒子繁殖效果"组如图 8-40 所示。

无：选中该单选按钮后，粒子不繁殖。当粒子碰撞到导向面后，反弹或者粘连到导向面；当粒子消亡后，就自然消失。

碰撞后消亡：选中该单选按钮后，当粒子碰撞到导向面后消亡。

图 8-40 "粒子繁殖效果"组

- 持续：指定粒子碰撞到导向面后持续存在的时间。如果设置为 0，那么当粒子碰撞到导向面之后立即消失。

- 变化：指定每个粒子持续时间变化的百分比。

碰撞后繁殖：选中该单选按钮后，当粒子碰撞到导向面后繁殖。

消亡时繁殖：选中该单选按钮后，当粒子对象消亡时繁殖。

繁殖拖尾：选中该单选按钮后，在粒子运动的每一帧中都在其尾部产生一个粒子，产生的子级粒子的基础方向与父级粒子的速率方向相反。

繁殖数：指定粒子繁殖的个数。

影响：指定在粒子系统中繁殖粒子的百分比。

倍增：倍增每个粒子的繁殖个数。

变化：指定倍增数值在每一帧中的变化的百分比。

2）"方向混乱"组

"方向混乱"组如图 8-41 所示。

图 8-41 "方向混乱"组

混乱度：指定子级粒子运动方向沿父级粒子运动方向变化的混乱度。如果设置为 0，则不发生方向变化；如果设置为 100，则子级粒子可以随机沿各个方向运动；如果设置为 50，则子级粒子可以随机运动，但与父级对象运动方向的偏移角度不超过 90°。

3）"速度混乱"组

"速度混乱"组如图 8-42 所示。

图 8-42 "速度混乱"组

因子：指定子级粒子相对与父级粒子运动速度变化的百分比。如果设置为 0，则表现运动速度不发生变化。

慢：选中该单选按钮后，依据因数的设置，子级粒子相对与父级粒子运动速度随机变慢。

快：选中该单选按钮后，依据因数的设置，子级粒子相对与父级粒子运动速度随机变快。

二者：选中该单选按钮后，依据因数的设置，一些子级粒子相对与父级粒子运动速度随机变慢，一些子级粒子相对与父级粒子运动速度随机变快。

继承父粒子速度：选中该复选框后，指定子级粒子继承父级粒子的运动速度，并在该速度基础上进行随机的速度变化。

使用固定值：选中该复选框后，指定一个固定的速度变化量，不采用"因子"参数指定的速度随机变化范围。

4）"缩放混乱"组

"缩放混乱"组如图 8-43 所示。

图 8-43 "缩放混乱"组

因子：指定子级粒子相对与父级粒子缩放变化的百分率。

向下：选中该单选按钮后，依据因数的设置，子级粒子相对与父级粒子随机变小。

向上：选中该单选按钮后，依据因数的设置，子级粒子相对与父级粒子随机变大。

两者：选中该单选按钮后，依据因数的设置，一些子级粒子相对与父级粒子随机变小，一些子级粒子相对与父级粒子随机变大。

使用固定值：选中该复选框后，指定一个固定的缩放变化量，不采用"因子"参数指定的尺寸随机变化范围。

5）"寿命值队列"组

在该组中可以为繁殖创建的子级粒子指定新的寿命数值，而不是继承其父级粒子的寿命数值，如图 8-44 所示。

图 8-44 "寿命值队列"组

列表窗口：在寿命数值列表中，第一个数值是第一代子级粒子的寿命数值；第二个数值是第二代子级粒子的寿命数值，以此类推。如果列表中的寿命数值不够用，则一直重复使用最后一个寿命数值。

添加：单击该按钮,将一个新设定的寿命数值加入到列表窗口中。

删除：单击该按钮,删除在列表窗口中选定的寿命数值。

替换：单击该按钮,替换在列表窗口中选定的寿命数值。首先在"寿命"数值框中输入一个新的寿命数值,然后在列表中选择一个替换的寿命数值,单击该按钮可以替换选定的寿命数值。

寿命：在该数值框中可以指定一个新的寿命数值。

6)"对象变形队列"组

"对象变形队列"组如图 8-45 所示。

图 8-45 "对象变形队列"组

列表窗口：显示一个对象列表,这些对象可以作为关联几何体粒子对象。第一个对象是第一代子级粒子的关联几何体,第二个对象是第二代子级粒子关联几何体,以此类推。如果列表中的对象不够用,则一直重复使用最后一个对象作为关联几何体。

拾取：单击该按钮,在场景中选择一个对象加入到列表窗口中。

删除：单击该按钮,删除在列表窗口中选定的对象。

替换：单击该按钮,替换在列表窗口中选定的对象。首先在列表中选择一个要替换的对象,单击"替换"按钮后在场景中选择一个新的对象。

6. "加载/保存预设"卷展栏

"加载/保存预设"卷展栏如图 8-46 所示。

预设名：指定或修改参数的名字。

保存预设：该列表中列出了所有粒子系统参数预设的名称。

图 8-46 "导入/保存预设"卷展栏

加载：单击该按钮,导入在列表中选择的粒子系统参数预设,也可以在列表窗口中双击预设的名称。

保存：单击该按钮,将子系统的参数设置项目保存到场景文件中,其预设名称出现在列表窗口中。

删除：单机该按钮,删除在列表窗口中选定的参数预设。

8.2.3　空间扭曲对象

空间扭曲和粒子系统是附加的建模工具。空间扭曲是使其他对象变形的"力场",从而创建出涟漪、波浪和风吹等效果。粒子系统能生成粒子子对象,从而达到模拟雪、雨、灰尘等效果的目的。

8.3　空 间 扭 曲

顾名思义,"空间扭曲"可以比喻为一种控制场景对象运动的无形力量,如重力、风力和推力等不同的力。使用空间扭曲就可以模拟出真实世界中所存在的一些"力"的效果,当然,空间扭曲必须与粒子系统一起配合使用才能制作出动画效果。

空间扭曲总共包括 5 种类型，分别是"力""导向器""几何/可变形""基于修改器"和"粒子和动力学"，如图 8-47 所示。

图 8-47　空间扭曲列表

8.3.1　力

"力"的作用可以为粒子系统提供外力影响，共有 9 种类型，分别是"推力""马达""旋涡""阻力""粒子爆炸""路径跟随""重力""风"和"置换"，如图 8-48 所示，这些力在视图中的显示图标如图 8-49 所示。

图 8-48　"力"的类型

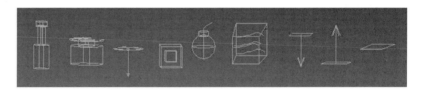

图 8-49　"力"的图标

力的创建工具介绍如下：

推力 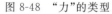　推力　：可以为粒子系统提供正向或负向的均匀单向力。

马达　马达　：对受影响的粒子或对象应用传统的马达驱动力（不是定向力）。

旋涡　旋涡　：可以将力应用于粒子，使粒子在急转的旋涡中进行旋转，然后让它们向下移动成一个长而窄的喷流或旋涡井，常用来创建黑洞、旋涡和龙卷风。

阻力　阻力　：这是一种在指定范围内按照指定量来降低粒子速率的粒子运动阻尼器。应用阻尼器的方式可以是"线性""球形"或"圆柱体"。

粒子爆炸　粒子爆炸　：可以创建一种使粒子系统发生爆炸的冲击波。

路径更随　路径跟随　：可以强制粒子沿指定的路径进行运动。路径通常为单一的样条线，也可以是具有多条样条线的图案，但粒子只会沿其中的一条样条线运动。

241

重力 重力 ：用来模拟粒子受到的自然重力。重力具有方向性,沿重力箭头方向的粒子为加速运动,沿重力箭头逆向的粒子为减速运动。

风 风 ：用来模拟风吹动粒子所产生的飘动效果。

置换 置换 ：以力场形式推动和重塑对象的几何外形,对几何体和粒子系统都会产生影响。

8.3.2 导向器

"导向器"可以为粒子系统提供导向功能,共有 6 种类型,分别是"泛方向导向板""泛方向导向球""全泛方向导向""全导向器""导向球"和"导向板",如图 8-50 所示。

导向器的创建工具介绍如下:

泛方向导向板 泛方向导向板 ：这是空间扭曲的一种平面泛方向导向器。它能提供比原始导向器空间扭曲更为强大的功能,包括折射和繁殖能力。

图 8-50 导向器列表

泛方向导向球 泛方向导向球 ：这是空间扭曲的一种球形泛方向导向器。它提供的选项比原始的导向球更多。

全泛方向导向 全泛方向导向 ：这个导向器比原始的"全导向器"更强大,可以使用任意几何对象作为粒子导。

全导向器 全导向器 ：这是一种可以使用任意对象作为粒子导向器的全导向器。

导向球 导向球 ：这个空间扭曲起到球形粒子导向器的作用。

导向板 导向板 ：这是一种平面装的导向器,是一种特殊类型的空间扭曲,它能让粒子影响动力学状态下的对象。

8.3.3 几何/可变形

"几何/可变形"空间扭曲主要用于变形对象的几何形状,包括 7 类,分别为"FFD(长方体)""FFD(圆柱体)""波浪""涟漪""置换""一致"和"爆炸",如图 8-51 所示。

几何/可变形的创建工具介绍如下:

FFD(长方体) FFD(长方体) ：这是一种类似于原始 FFD 修改器的长方体形状的晶格 FFD 对象,它既可以作为一种对象修改器,也可以作为一种空间扭曲。

FFD(圆柱体) FFD(圆柱体) ：该空间扭曲在其晶格中使用柱形控制点阵列,它既可以作为一种对象修改器,也可以作为一种空间扭曲。

图 8-51 "几何/可变形"列表

波浪 波浪 ：可以在整个世界空间中创建线性波浪。

涟漪 涟漪 ：可以在整个世界空间中创建同心波纹。

置换 置换 ：其工作方式与"置换"修改器类似。

一致 一致 ：该空间扭曲修改绑定对象的方法是按照空间扭曲图标所指示的方

向推动其顶点,直至这些顶点碰到指定目标对象,或从原始位置移动到指定距离。

爆炸 爆炸 :该空间扭曲可以把对象炸成许多单独的面。

8.4 雪景效果实例

本例将制作一个雪景的效果,效果如图8-52所示。

1. 场景搭建

(1)打开3ds Max,单击"创建"|"几何体"|"平面"按钮,在场景中创建一个长方平面。在"参数"卷展栏中修改"长度"数值为192m,"宽度"为137m。

(2)在正视图创建摄影机,如图8-53所示。

图8-52 效果图

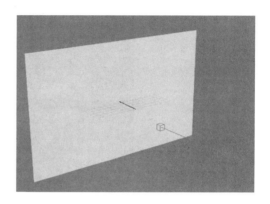

图8-53 创建摄影机

(3)单击主工具栏上的 按钮,打开材质编辑器,选择第一个样本球,默认材质类型为标准材质。在"明暗器基本参数"中单击打开下拉列表框,设定为Blinn模式。单击"漫反射"后面的按钮,在弹出的"材质/贴图浏览器"对话框中选择"位图"贴图,单击"确定"按钮,如图8-54所示。

(4)在弹出的"选择位图图像文件"对话框中选择"雪景素材.jpg"图像文件,单击"打开"按钮,如图8-55所示。

(5)场景制作完成后,如图8-56所示。

2. 粒子系统创建

(1)单击"创建"|"几何体"|"粒子系统"|"雪"按钮,在"透视图"视图中创建"雪"粒子。在"参数"卷展栏中设置"视口计数"为2000,"渲染计数"为2000,"雪花大小"为1,"速度"为2,其他参数如图8-57所示。

(2)调整发射器位置,拖动时间滑块看一下雪的效果,如图8-58所示。

(3)打开"材质编辑器"窗口,选择一个新的材质样本球,在"明暗器基本参数"卷展栏中选中"双面"复选框,在"Blinn基本参数"卷展栏中设置"环境光"和"漫反射"分别为(255,255,255),设置"自发光"为80;在"反射高光"选项组中设置"高光级别"为45,"光泽度"为20,"不透明度"为70,如图8-59所示。将材质指定给场景中的粒子对象。

图 8-54　选择"位图"贴图

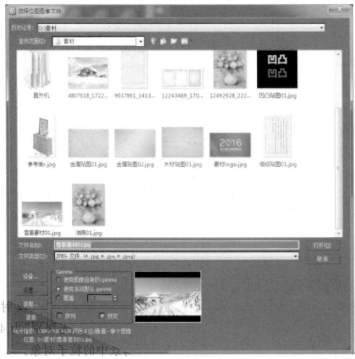

图 8-55　选择贴图

图 8-56　场景制作完成

图 8-57　"雪"粒子参数

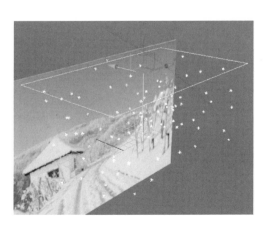

图 8-58　调整发射器位置

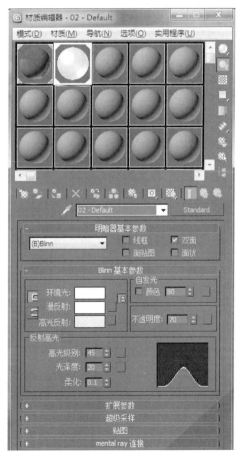

图 8-59　"雪"的材质

（4）右击粒子系统，在弹出的快捷菜单中选择"对象属性"命令，在弹出的"对象属性"对话框中选中"运动模糊"选项组中的"图像"单选按钮，设置"倍增"为1，单击"确定"按钮，如图8-60所示。

（5）按键盘上的数字8键，打开"环境和效果"窗口，切换到"效果"选项卡，单击"添加"按钮，在弹出的对话框中选择"亮度和对比度"效果，添加效果后，在"亮度和对比度"卷展栏中设置"亮度"为0.5，"对比度"为0.5，如图8-61所示。

图 8-60　对象属性

图 8-61　添加"亮度和对比度"

3. 渲染摄影机视图

按C键进入摄影机视图，对视图进行渲染，使用"雪"粒子系统模拟下雪效果如图8-62所示。

图 8-62　最后效果

8.5　练习与实验

1. 填空题

（1）在 3ds Max 2011 中创建物体后，可以在_____中为这些物体指定_____，如_____、_____、_____等等。

（2）这些物体可以是_____的，也可以是处于_____的，或通过_____结合在一起的，通过为这些物体指定_____，可以方便快捷地模拟出现实世界中的各种动画。

（3）可以使用场景中的任何几何体来制作_____。_____可以是单个对象，也可以是构成几个组合在一起的对象，称为_____。

2. 选择题

（1）软体对象的几何结构在模拟过程中可以发生位置（　　　），还可以受到场景中的其他对象的影响。

    A. 变换　　　　　　　B. 弯曲　　　　　　　C. 折曲　　　　　　　D. 延展

（2）其他动力学工具有（　　　）。

    A. 水　　　　　　　　B. 绳索　　　　　　　C. FFD　　　　　　　D. 风

3. 简答题

（1）简述刚体与约束。

（2）基本粒子系统有哪些类型？

4. 实验

制作柱体爆炸效果，如图 8-63 所示。

图 8-63　柱体爆炸效果

第 9 章　综合实例

【学习导入】

3D 虚拟楼盘漫游是目前 3ds Max 的典型应用,很多地产、景区、名校都利用虚拟现实的技术,把场景搬上互联网。虚拟楼盘漫游首先通过 3ds Max 实现实物模型,然后通过辅助的漫游、交互工具实现互动展示,有传统的照片、视频录像无法比拟的美感和视觉震撼力。

本章详细讲解居民小区设计开发的全过程,通过小区的开发过程。通过居民小区的开发过程,可以综合练习各种建模、贴图技术。限于篇幅,本章只介绍关键步骤。

【学习目标】

知识目标:3ds Max 中建模、贴图、灯光、摄影机等相关技术。

能力目标:能用 3ds Max 软件独立完成小规模虚拟校园的开发。

素质目标:实物建模能力;审美能力;大规模场景的调整能力以及耐心的培养。

9.1　小区居民楼的设计

9.1.1　设计前的分析

1. 图片的获取

1) 从 CAD 获取

从施工单位处收集 CAD 文件作为参考,如图 9-1 和图 9-2 所示。

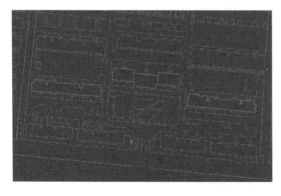

图 9-1　住宅区顶视图全景

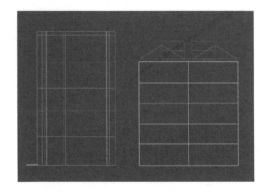

图 9-2　单元楼侧视图

2）相机拍摄

经过方法1，发现还需要一些相关的照片，于是用数码相机进行一些相应的细部拍摄工作。既然要建模，就不能只看一些大致的轮廓，有必要关注一下相关细节。所以，在拍摄过程中，采用了整体与局部相结合，以及多角度拍摄的方法。

经过观察可以发现居民住宅楼，单元与单元之间是完全相同的，建模时，只要建好一个单元即可，所以，不用再对其他居民楼外观进行拍摄。

2. 楼体的结构分析

居民楼的正面、后面，及左右侧面的外观分别如图9-3～图9-6所示。

图9-3　居民楼正面

图9-4　居民楼后面

图9-5　居民楼左侧面

图9-6　居民楼右侧面

在对其结构进行分析之后，就可以确定自己的建模步骤。

（1）正面：先建一楼右侧住户的一个模型，再创建二楼右侧住户的模型，之后复制出其他内容,因为一楼的窗户和其他几层是不一样的。其次,建正面的中间楼道和楼道门的细节部分。最后,整体复制到左边住户。这样,正面的建模工作就完成了。

(2) 右侧面:首先,制作墙体,之后创建阳台的窗户和中间储藏室的小窗户。

(3) 左侧面:与右侧做法相同,再将右侧面复制,对于单独的住户,再进行细节调整。

(4) 背面:首先,制作墙体。其次,制作玻璃阳台,与窗台。最后,对个别住户的护栏进行单独制作。

(5) 楼顶:需要制作斜面的楼顶和楼顶金属框。

9.1.2 定义材质

对校园建筑物进行结构分析以后,还需要对建筑物的材质进行分析,即提前把建模过程中需要用到的材质进行定义。

1. 样本球的设置

打开"材质编辑器",选择 9 个空白的样本球,设置如图 9-7 所示的材质与贴图。

(1) 墙一材质(白色),单击 Standard 按钮,选择"建筑"材质,在"用户自定义"下拉列表框中选择"石材",把漫反射贴图中,加入位图"案例 9-白墙. tif"。

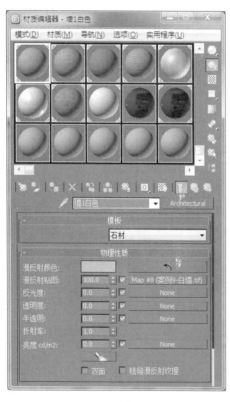
(a)

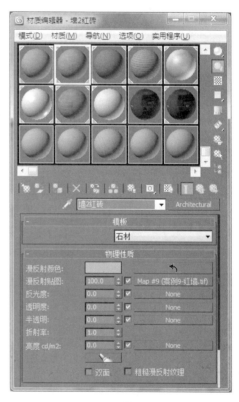
(b)

图 9-7　材质设置

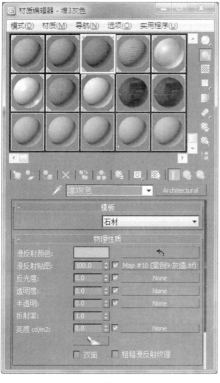

(c)

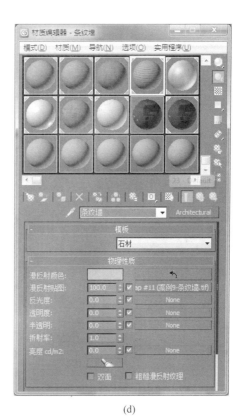

(d)

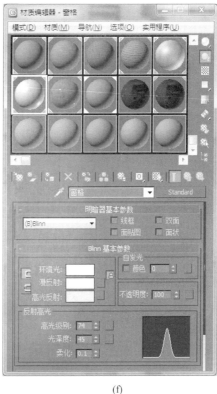

(e)　　　　　　　　　　　　　　　　(f)

图 9-7　（续）

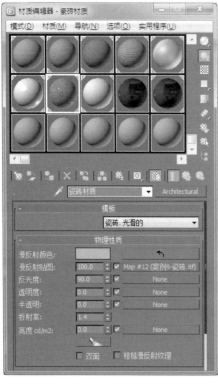

(g)

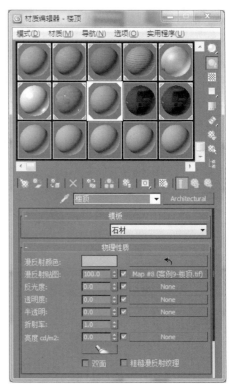

(h)

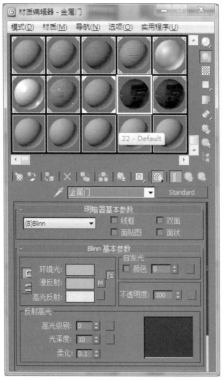

(i)

图 9-7 （续）

（2）墙二材质（红砖），选择"建筑"材质，在"用户自定义"下拉列表框中选择"石材"，把漫反射贴图中，加入位图"案例9-红墙.tif"。

（3）墙三材质（灰砖），选择"建筑"材质，在"用户自定义"下拉列表框中选择"石材"，把漫反射贴图中，加入位图"案例9-灰墙.tif"。

（4）条纹墙面的材质，选择"建筑"材质，在"用户自定义"下拉列表框中选择"石材"，把把漫反射贴图中，加入位图"案例9-条纹墙.tif"。

（5）玻璃材质，"明暗基本参数"栏中选中Phong，选中"双面"，环境光设为"156×246×243"，漫反射颜色改为"156×246×243"，不透明改为60，高光改为50，光泽度改为26。

（6）窗框材质，选择标准材质，漫反射颜色改为"255×255×255"，高光改为74，光泽度改为45。

（7）瓷砖墙材质，选择"建筑"材质，在"用户自定义"下拉列表框中选择"瓷砖，光滑的"，把漫反射贴图中，加入位图"案例9-瓷砖.tif"。

（8）墙三材质（灰砖），选择"建筑"材质，在"用户自定义"下拉列表框中选择"石材"，把漫反射贴图中，加入位图"案例9-楼顶.tif"。

（9）金属门材质，选择标准材质，在漫反射贴图中，加入位图"案例9-门.tif"。

2．赋予材质

打开"按名称选择"窗口（快捷键H），同时打开"材质编辑器"。在"按名称选择"中选择物体，然后在"材质编辑器"中单击相应的样本球，然后再单击 🎨 将材质指定给选定对象按钮，即可完成贴图工作。

9.1.3　居民楼制作过程

1．居民楼正面制作过程

通过前面的楼体结构分析，居民楼的正面分为了3大部分：右半边、中间及左半边。下面就介绍一下具体的制作过程。

1）右半边的创建

（1）一楼模型的创建

① 一楼墙体的创建

- 在前视图中建立1个长方体，命名为"正右1墙1"，设置"长度"数值为2.5m，"宽度"为1.4m，"高度"为3.0m，"长度分段"和"高度分段"均为3，如图9-8所示。
- 转化为"可编辑多边形"，通过调整点的位置和加线，确定窗户的位置。
- 进入"修改/修改器列表/编辑网格"面板，选择顶点或边，使用选择并移动工具调整平面的总长度，并对最上面的3个顶点进行编辑，使平面的边界与长方体的边界完全重合，如图9-9所示。

命名规则：

该模型创建过程中的命名规则：第1个字表示是哪个面；第2个字表示哪层，只在正面和背面的模型中才有；第3个字表示第几个小模块，正面和背面都是从中间向两边数，左右侧面则是从左向右数；第4个或4至6个字表示所创建的物体名字；最后1个阿拉伯数字则与所在楼层相关联。

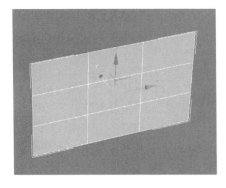

图 9-8 居民楼正面

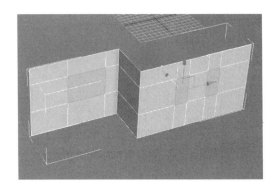

图 9-9 正右 1 墙 1

② 2 层墙体的创建

• 复制"正右 1 墙 1",命名为"正右 1 墙 2",使用对齐工具,如图 9-10 所示,调整 Z 轴,使其位于"正右 1 墙 1"的正上方并紧贴它,如图 9-11 所示。

• 调整窗户位置的分段,使其和参考图结构相同。

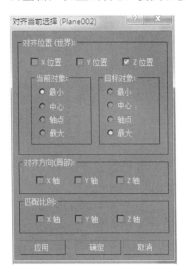

图 9-10 对齐工具

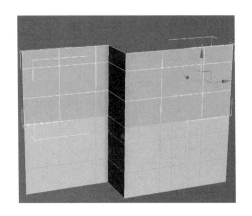

图 9-11 正右 1 墙 2

③ 玻璃的创建

• 选择一层的模型,进入编辑多边形工具,选择相对于玻璃位置的面,用挤出工具,挤出-0.1m,然后选择玻璃的面,进行分离,如图 9-12 所示。

• 其他楼层玻璃制作方法,与一层模型一样,如图 9-13 所示。

④ 窗框模型的创建

• 现在制作玻璃的模型,按住 Shift 键,选择并移动工具,复制出 1 个副本。命名为"正右 1 窗框 1 中",使用插入工具,调整参数位 0.05m,插入一个厚度,如图 9-14 所示。

• 删除中间的面,选择外面的 4 个面,挤出 0.05m,最后通过位移工具调整到窗户位置即可,如图 9-15 所示。

• 其他的窗口,都可以用这种方法制作。

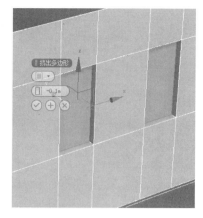

图 9-12　正右1玻璃1格

图 9-13　正右1玻璃1檐

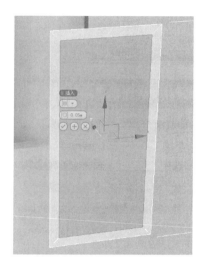

图 9-14　玻璃上方纹理效果

图 9-15　玻璃中间小柱

（2）楼层1和楼层2材质的制作

① 选中楼层1中的墙体，为它赋予墙三材质（灰砖）。

② 选择楼层1窗户下的面，进行分离，为它赋予墙一材质（白色）。

③ 为模型添加"UVW贴图"修改器调整Gizmo，修改它的长、宽、高参数，效果如图9-16和图9-17所示。

④ 选择楼层1中的玻璃模型，为它赋予玻璃材质。

⑤ 选择楼层1中的窗框模型，为它赋予窗格材质，效果如图9-16所示。

⑥ 楼层2中的做法与楼层1一致，此处不再赘述。

（3）楼层3～6层的创建

① 选中楼层2中的墙体、玻璃、窗框，创建的所有物体，使它们成组，命名为"正右1墙2"，按住Shift键，选择并移动工具，复制出相应的楼层，并使用对齐工具或吸附工具对齐位置，效果如图9-18和图9-19所示。

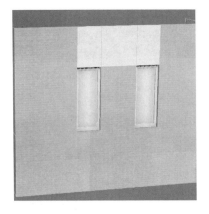

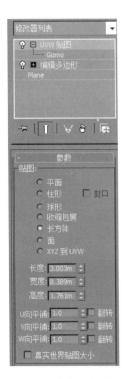

图 9-16　复制模块 1　　　　　　　　图 9-17　模块 1 复制后

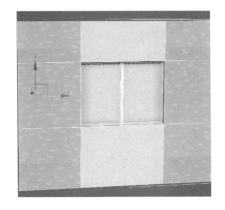

图 9-18　复制模块 1(二)　　　　　　图 9-19　模块 1 复制后(二)

② 第 6 层的墙面材质,要赋予条纹墙面的材质,如图 9-20 和图 9-21 所示。

2) 中间楼道部分的创建

(1) 楼道墙面的创建

① 创建楼道模型

- 在前视图中建立一个平面,命名为"正中楼道 1",设置"长度"数值为 3m,"宽度"为
  2.5m,"长度分段"为 4,"宽度分段"为 3。
- 转化为可编辑多边形,进入点层级,调整其位置,使其对齐参考图的楼道窗户结构。
  如图 9-22 所示。

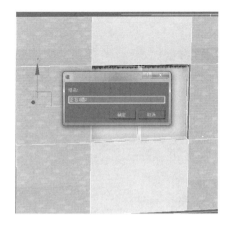

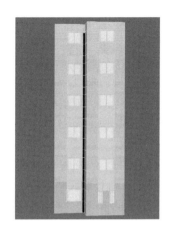

图 9-20　正右 5 墙 2　　　　　　　　图 9-21　正右 5 墙 2 格

- 选择相对于中间墙体的面,应用挤出工具,挤出距离-0.2m。
- 选择相对于窗户的面,继续用挤出工具,挤出距离-0.2m,效果如图 9-23 所示。

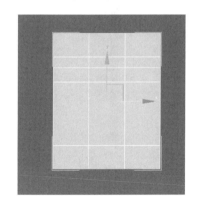

图 9-22　正中玻璃 1　　　　　　　　图 9-23　正中玻璃 1 格

- 选择上下两个多余的面,如图 9-24 所示,删除。
- 选择对应于玻璃的面,进行分离,如图 9-25 所示。

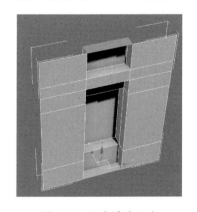

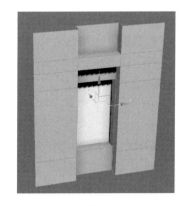

图 9-24　正中玻璃 1 边　　　　　　　图 9-25　复制正中玻璃 1 边

- 窗框的制作方法和之前的方法一样,此处不再赘述。

② 墙面材质的制作

- 选中楼层 1 中的墙体,为它赋予墙一材质(白色)。
- 为墙体模型添加"UVW 贴图"修改器调整 Gizmo,修改它的长、宽、高参数。
- 选择楼层 1 中的玻璃模型,为它赋予玻璃材质。
- 选择楼层 1 中的窗框模型,为它赋予窗格材质,效果如图 9-26 所示。

③ 选中墙体、玻璃、窗框,创建的所有物体,使它们成组,命名为"正中楼道 1",按住 Shift 键,选择并移动工具,复制出相应的楼层,并使用对齐工具或吸附工具对齐位置,效果如图 9-27 所示。

④ 第 6 层的墙面可以通过调整点,压扁一些,和参考图吻合。

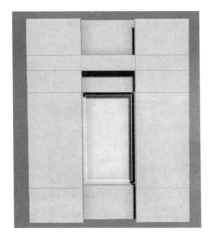

图 9-26　正中柱子、柱灯

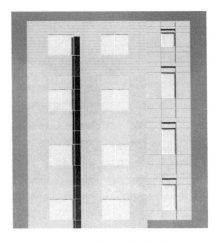

图 9-27　复制正中楼道 1

(2) 楼道前门的创建

① 在前视图中建立一个长方体,命名为"楼道前门",设置"长度"数值为 2m,"宽度"为 3.2m,"高度"为 6.5m,"长度分段"为 1,"宽度分段"为 3,"高度分段"为 5。

② 转化为可编辑多边形,进入点层级,调整窗户和门的位置,效果如图 9-28 所示。

③ 选中对应于门和窗的面,使用挤出工具,挤出−0.2m,选择门和窗的面,分离,效果如图 9-29 所示。

④ 门框和窗框的做法与之前正面墙体的方法一样,此处不再赘述。

⑤ 创建一个长方体,命名为"楼道 1 房檐 1",设置"长度"数值为 2.1m,"宽度"为 3.3m,"高度"为 0.5m。

⑥ 转换为可编辑多边形之后,通过倒角、挤出命令,制作出参考图中的房檐,如图 9-30 所示。

(3) 楼道及楼道门材质的制作

① 选中"正中楼道 1"的墙体模型,为它赋予墙一材质(白色)。为模型添加"UVW 贴图"修改器调整 Gizmo,贴图类型为长方体,修改它的"长度"为 5m、"宽度"为 5m、"高度"为 5。

② 选择"门檐"和"楼道 1 房檐 1",为它赋予墙一材质(白色)。为模型添加"UVW 贴图"修改器调整 Gizmo,贴图类型为长方体,修改它的长度、宽度、高度到合适的值。

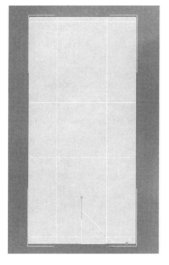

图 9-28　楼前斜坡

图 9-29　楼前侧斜坡

③ 选择门模型,为它赋予金属门材质。为模型添加"UVW 贴图"修改器调整 Gizmo,贴图类型为长方体,修改它的长度、宽度、高度到合适的值。

④ 选择楼层 1 中的玻璃模型,为它赋予玻璃材质。

⑤ 选择楼层 1 中的窗框模型,为它赋予窗格材质。

⑥ 最终效果如图 9-31 所示。

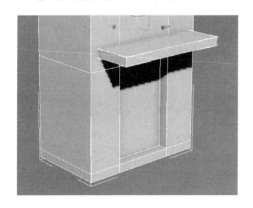

图 9-30　斜坡倾斜 5°

图 9-31　建立扶手和立柱后

3) 左半边的创建

在前视图(见图 9-32)中,选中右半边的所有物体,打组(见图 9-33),重命名为"居民楼正右",选择镜像工具,在弹出的对话框中,选择"X 轴"和"实例"。选择选择并移动工具,在前视图中沿 X 轴调整其位置。

4) 背面的创建

"背面"的建模与"前面"的建模在技术上和过程上基本一致,此处不再赘述。先制作一整个墙面、阳台和突出的窗户,可以单独制作模型,再对齐墙面。建模效果如图 9-34 所示。

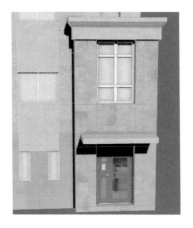

图 9-32 正中玻璃 2 右

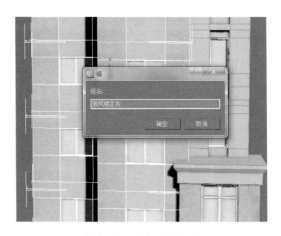

图 9-33 正中玻璃 3 右

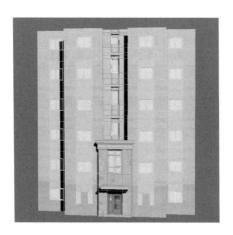

图 9-34 居民楼正面

2. 居民楼侧面、背面的设计过程

本节中的模型大部分都和正面是一样的,所以可以根据实际情况,先用复制加旋转或是镜像的方式来做,然后对不同的地方进行修改即可。下面介绍具体的建模过程。

1) 左侧面的创建

(1) 使用平面,创建墙体模型,为它赋予相应的材质。为模型添加"UVW 贴图"修改器调整 Gizmo,贴图类型为长方体。

(2) 创建长方体,转化为"可编辑多边形",修改它的分段,制作卫生间窗户。为模型添加"UVW 贴图"修改器调整 Gizmo,贴图类型为长方体,修改它的长度、宽度、高度到合适的值。最终效果如图 9-35 所示。

(3) 分离出模型的面,制作玻璃模型,为它赋予玻璃材质。

(4) 创建窗框模型,为它赋予窗格材质。最终效果如图 9-36 所示。

(5) 为左侧面的模型打组,复制,重命名为"单元内墙右侧",对齐位置,制作单元的内墙。

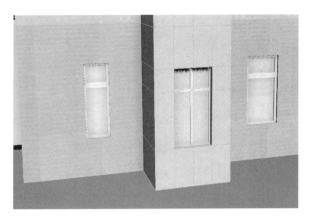

图 9-35　左侧墙面与卫生间窗户

图 9-36　左侧面整体模型

2）右侧面的创建

"右侧"的建模与"左侧"的建模在技术上和过程上基本一致，此处不再赘述。建模效果如图 9-37 所示。

"右侧"模型做好后效果如图 9-38 所示，先不要对齐到整个模型，放在一边备用。等整栋楼做好后，再进行对齐。

图 9-37　玻璃阳台和储藏间窗户

图 9-38　右侧面模型

3. 整栋楼及楼顶的制作

1）整栋楼模型的制作

（1）选择第一单元的所有模型（正面、背面、左侧面及右侧单元内墙），整体打组，重命名为"单元 1"。

（2）复制单元 1，分别制作出"单元 2""单元 3"，通过位移工具调对齐位置。把做好的"右侧面"模型也移动到相对于位置，对齐，效果如图 9-39 和图 9-40 所示。

2）楼顶制作

（1）楼道模型的制作

- 建立 1 个长方体，命名为"楼顶 1"，设置"长度"数值为 7.8m，"宽度"为 16m，"高度"为 0.2m，"长度分段"为 2，"宽度分段"为 5。调整其位置，使其与前后左右四面墙位置对齐。转化为可编辑多边形，调整其点的位置，基础阳台、厨房位置的凸起，效果

图 9-39　正 5 墙

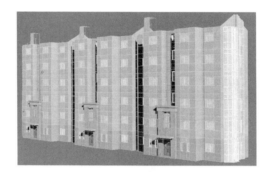

图 9-40　正 5 墙格

如图 9-41 所示。

- 复制两个,其中一个对齐中间的单元。最右边的,需要调整右侧的面,使其和右侧片面的储藏室窗户顶部对齐,效果如图 9-42 所示。

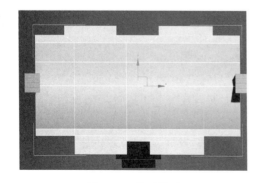

图 9-41　楼顶模型

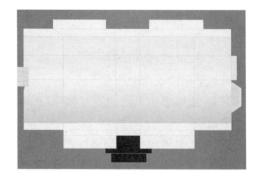

图 9-42　复制到另一侧

(2)楼顶材质的创建

- 选择模型,为它赋予墙一材质(白色)。为模型添加"UVW 贴图"修改器调整 Gizmo,贴图类型为长方体,修改它的长度、宽度、高度,效果如图 9-43 所示。

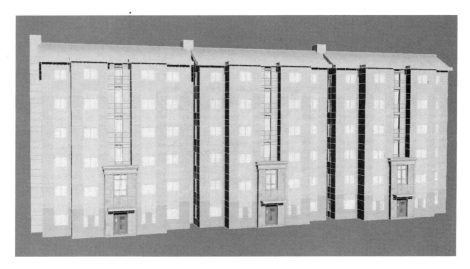

图 9-43　最终效果

9.2　小区路面的设计

9.2.1　设计前的分析

1. 路面的总体分析

在利用 3ds Max 对大型物体进行三维空间造型过程中,恰当进行空间造型结构分析十分必要。本建模参照的是住宅小区的路面。路面主要由以下几部分组成:水泥路面、两栋楼之前的马路转路面、路灯、草坪、树、灌木。

2. 测量

根据上面的分析,通过数码相机和卷尺对广场进行实地观察并测量,以此为依据估算各实体的长宽。

1)楼间距和道路的测量

是通过广场上各种砖块的大小及数量来估算小区道路的长宽的。根据 CAD 施工图和相互建筑规定,我们可以找到一个比例值,楼高∶楼间距=1∶1.2 的比值计算,所以小区楼间距应该为 25m 左右。

在居民楼后及楼前部分是三色(红、黄、灰)砖块和水泥路面,还有些地方是水泥路面,如图 9-44 和图 9-45 所示。

图 9-44　20cm×20cm 的砖块

图 9-45　水泥路面

2）灯的样式及高度估测

如图 9-46 所示,居民区内有的路灯有 3 个球形灯罩。灯的高度是与旁边的楼相比较而估测的,估测的路灯高为 3.5m。

图 9-46　广场上路灯的样式

9.2.2　路面模型的制作

广场显示单位比例设为"公制/米(m)",系统单位比例设为"毫米(mm)"。这样可以更符合实体的长宽高及比例。

1. 广场地面的设计

1）建模

（1）将广场的整个地面分为两部分制作,水泥路面的部分和马路砖部分。

（2）创建平面,通过"修改器"|"可编辑多边形"|"边"和"点"层级调整模型形状,与 CAD 图纸对齐,创建水泥路面模型。

（3）重复以上步骤制作马路砖路面模型,与水泥路面对齐,整体效果如图 9-47 所示。

图 9-47　路面划分图

2）路面贴图

（1）在材质编辑器里的"漫反射颜色"|"贴图浏览器"里选择"位图"，在素材文件夹中选择相对应的贴图，如图 9-48 和图 9-49 所示。

图 9-48　水泥路面贴图

图 9-49　马路砖贴图

（2）选择模型，进入修改列表，为模型添加"UVW 贴图"修改器。调整参数，最终效果如图 9-50 所示。

2．灯的设计

下面介绍路灯的建模。

（1）在透视图创建一个上半径为 5cm，高为 2.5m 的圆柱体，作为路灯杆。

（2）通过"修改器"|"可编辑多边形"|"边"，为其添加分段线，缩放，做出路灯链接处弯曲的结构，摆放到相对应的位置。

（3）创建球体，半径为 13cm，摆放到相对位置，如图 9-51 所示。

图 9-50　路面贴图

图 9-51　路灯的模型

3．树木的设计

（1）树的建模通常是通过"几何体/AEC 扩展/植物"中选择的树木模型，直接在场中单击就可得到，只是在"修改器"面板中将数的高度改成 4m。

(2)灌木则是建立一个高1.5m的圆柱体,然后对其进行"混合"贴图。材质一和材质二的贴图分别选择如图9-52的材质图即可。

(3)草坪的贴图。

① 草坪可以创建高度是0.1m的长方体放置于地面,然后对其进行"混合"贴图。材质一和材质二的贴图分别选择如图9-53所示的材质即可。

图9-52 灌木材质一和材质二贴图

图9-53 草坪贴图

② 在材质编辑器中的"漫反射颜色"|"贴图浏览器"中选择"位图",在素材文件夹中选择相对应的贴图。

③ 选择模型,进入修改列表,为模型添加"UVW贴图"修改器。调整参数,草坪最终效果如图9-54所示,树及灌木的最终效果如图9-55所示。

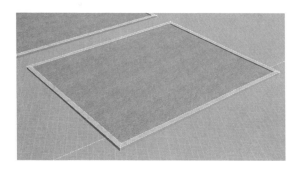

图9-54 草坪最终效果

图9-55 树及灌木的效果图

9.3 居民区漫游动画

9.3.1 场景的合并

所有模型建完后就按照实际场景的分布来放置各模型。

(1)首先打开路面的文件,然后选择"文件"|"合并"命令,选择居民楼楼的文件导入,复制居民楼模型,用移动工具将九栋楼移动到合适的位置。

(2)居民楼楼调整完后,将植物、灯等模型一一合并到场景中,并通过移动工具调整其位置,场景最终渲染图如图9-56所示。

图 9-56　最终场景合成图

9.3.2　虚拟居民小区漫游动画

当小区的模型建好以后,可以配合摄影机的移动,实现小区景观漫游动画。漫游的路线为先从左侧居民楼开始,然后在楼前面经过、到整个小区右侧,接着从两栋楼中间穿过,来到小区中心位置,再绕到从小区中间马路穿过,来到小区最后,这样就实现了整个校园的漫游。具体的现实步骤如下:

（1）打开最好合成的虚拟校园场景文件"最终小区.max"。

（2）在顶视图创建一个"目标摄影机",把右下角的视图修改为摄影机视图。然后调整摄影机位置到小区左侧,使摄影机视图效果如图 9-57 所示。

（3）单击"时间配置"按钮，在弹出的时间配置面板，将帧数改为 1000 帧。然后打开"自动关键帧"，开始记录动画。

（4）把关键帧拖动到第 100 帧，在视图导航区按"推拉摄影机＋目标"按钮，平移镜头到小区右侧 9-58 所示。

图 9-57　第 0 帧时的摄影机视图　　　　　　图 9-58　第 100 帧时的摄影机视图

（5）把关键帧拖动到第 150 帧，在视图导航区综合使用"推拉摄影机＋目标""环游摄影机""平移摄影机"按钮，推进镜头到图，到两栋楼的中间，效果如图 9-59 所示。

> **小技巧：**
>
> 　　在移动摄影机时，有时只是使用导航区的按钮调节不太灵活，可以在视图中，直接移动摄影机。但目标摄影机有两个地方可以移动，一个是 Camera（摄影机），一个是 Camera Target（相机目标），这两个可以单独移动也可以一起移动。

（6）把关键帧拖动到第 300 帧，在视图导航区综合使用上述按钮推进镜头，来到小区的中间位置，效果如图 9-60 所示。

图 9-59　第 200 帧时的摄影机视图　　　　　　图 9-60　第 300 帧时的摄影机视图

（7）把关键帧拖动到第 330 帧，在视图导航区综合使用上述按钮旋转镜头，对齐小区的马路，效果如图 9-61 所示。

（8）把关键帧拖动到第 400 帧，在视图导航区综合使用上述按钮推进镜头，来到小区的后门位置，效果如图 9-62 所示。

图 9-61　第 330 帧时的摄影机视图

图 9-62　第 400 帧时的摄影机视图

9.4　练习与实验

1. 练习

（1）如何把多个 MAX 文件合并为一个文件？

（2）建模过程中"附加"功能的作用是什么？

2. 实验

1）基础实验

（1）建筑物墙体的建模和贴图方式。

（2）建筑物中玻璃的建模和贴图方式。

（3）玻璃门、电动门的建模方式。

2）综合实验

通过学习本章，完成自己所在学校或单位的某个建筑物的建模、贴图和漫游动画。

参 考 文 献

1. [英]威廉姆斯.动画基础教程.邓晓娥,译.北京:中国青年出版社,2006.
2. 谭雪松,李如超,袁云华.3ds Max 2010中文版基础教程.北京:人民邮电出版社,2010.
3. 王芳,赵雪梅.3ds Max 2011完全自学教程.北京:中国铁道出版社,2011.
4. 隆健.3ds Max 2012完全自学教程.北京:人民邮电出版社,2012.

质检5